KB144136

HRDK 한국산업인력공단
Human Resources Development Service of Korea

제과제빵기능사 실기문제

40
품목

• 새로운 실기 출제기준 적용
• NCS 능력단위별 평가표 수록

제과제빵
기능사
실기

(사)한국식음료외식조리교육협회

www.ncook.or.kr

(주)백산출판사

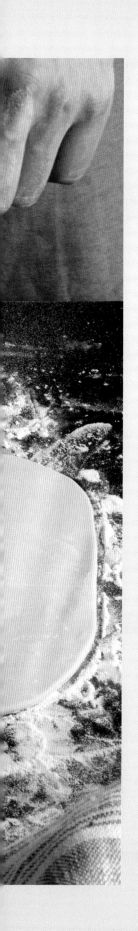

책을 내면서

수많은 외식산업 중에 베이킹 관련 산업은 꾸준하게 다양한 형태로 성장하고 있습니다. 그에 따라 다양한 형태의 교육장, 미디어, 교재, 인터넷 등을 통해 제과제빵 기술을 익히며 관련 공부를 하는 사람들이 늘어났으며, 이는 자연스럽게 자격증 취득으로 이어지고 있습니다. 이에 제과제빵 국가기술 자격증 취득을 위한 체계적이고 검증된 교수법과 실습용 교재의 표준화가 그 어느 때보다도 절실하다고 할 수 있습니다.

(사)한국식음료외식조리교육협회에서는 지금까지 교육현장의 생생한 강의 노하우를 바탕으로 수험생을 위한 조리사 자격증 취득 중심의 수험서적을 먼저 발간하였고, 후속교재로 제과제빵 자격증 취득 중심의 수험서적을 발간하게 되었습니다.

본 협회는 전국의 요리, 제과제빵 학원과 직업훈련기관을 대표하는 협회라는 자부심과 책임감을 가지고 각 지역을 대표하는 직업훈련기관의 기관장과 강사들이 수험생을 일선에서 지도하면서 교재 제작에 의견을 취합하여 검증 단계를 거쳐 본 교재를 집필하였습니다.

본 교재는 제과제빵기능사 자격증 취득을 목표로 실기 시험을 준비하는 수험생들을 위한 교재로, 시험준비에 필요한 단계별 설명과 함께 작업공정을 상세하게 수록하고자 노력하였습니다.

한국산업인력공단의 출제기준을 중심으로 공개문제와 요구사항 및 배합표에 따라 제과, 제빵 각 20과제의 메뉴를 과정별 컬러사진을 수록하여 수험생 스스로 실습할 수 있도록 구성하였습니다.

본 협회에서 발행하는 수험서적은 출제기준의 변경사항을 최우선으로 고려하여 집필하였으며 수험자가 꼭 알아야 할 내용을 엄선하여 제작하고 있습니다. 아무쪼록 제과제빵기능사 자격증 취득을 원하시는 모든 수험생 분들께 합격의 기쁨이 함께하시길 기원드립니다. 궁금하신 사항은 (사)한국식음료외식조리교육협회로 문의해 주시기 바랍니다.

끝으로 이 책이 나오기까지 아낌없는 성의와 물심양면으로 도움을 주신 (주)백산출판사 진욱상 사장님을 비롯하여 관계자 여러분께 깊은 감사를 드립니다.

(사)한국식음료외식조리교육협회 회원 일동

제과제빵기능사 실기

CONTENTS

책을 내면서   3
제과제빵기능사 실기시험 준비   8
출제기준(실기)   14
제과제빵 이론   26

제 과 기 능 사

구움과자류

학습평가표

버터쿠키   34
쇼트브레드쿠키   36
마드레느   38
다쿠와즈   40

반죽형 케이크류

학습평가표

파운드케이크   44
과일케이크   46
브라우니   48
초코머핀   50
마데라컵케이크   52

거품형 케이크류

학습평가표

버터스펀지케이크(공립법)   56
버터스펀지케이크(별립법)   58

시퐁케이크(시퐁법)   60
젤리롤케이크   62
초코롤케이크   64
흑미롤케이크   66
소프트롤케이크   68
치즈케이크   70

슈류

학습평가표

슈   74

타르트류

학습평가표

타르트   78

파이류

학습평가표

호두파이   82

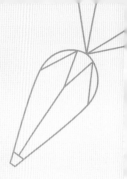

제빵기능사

산형 삼봉형 식빵류 믹싱 및 정형공정　　86
기타빵류 믹싱 및 정형공정　　87

식빵류

　학습평가표

우유식빵　　90
풀먼식빵　　92
쌀식빵　　94
옥수수식빵　　96
식빵(비상스트레이트법)　　98
버터톱식빵　　100
밤식빵　　102

단과자빵류

　학습평가표

단과자빵(트위스트형)　　106
단팥빵(비상스트레이트법)　　108
크림빵　　110
스위트롤　　112
모카빵　　114
소보로빵　　116

하드빵류

　학습평가표

호밀빵　　120
통밀빵　　122

조리빵류

　학습평가표

소시지빵　　126

특수빵류

　학습평가표

빵도넛　　130

기타빵류

　학습평가표

베이글　　134
그리시니　　136
버터롤　　138

교재 편집위원 명단　　140

제과제빵기능사 실기시험 준비

<table>
<tr><td>

1

원서접수
및 시행

</td><td>

접수방법: 인터넷 접수만 가능 **원서접수 홈페이지**: www.q-net.or.kr

접수시간: 회별 원서접수 첫날 9시부터 마지막 날 18시까지

합격자 발표

CBT 필기시험	실기시험
수험자 답안 제출과 동시에 합격여부 확인	해당 회차 실기시험 종료 후 다음 주 목요일 9시 합격자 발표

</td></tr>
<tr><td>

2

시험
과목

</td><td>

① 제과기능사

필기: 과자류 재료, 제조 및 위생관리

실기: 제과 실무

② 제빵기능사

필기: 빵류 재료, 제조 및 위생관리

실기: 제빵 실무

</td></tr>
<tr><td>

3

검정
방법

</td><td>

필기: 객관식 4지 택일형, 60문항(60분)

실기: 작업형(2~4시간 정도)

</td></tr>
<tr><td>

4

합격
기준

</td><td>

필실기 100점을 만점으로 하여 60점 이상

</td></tr>
</table>

수험자 지참 준비물 안내 목록

● 제과기능사

번호	재료명	규격	단위	수량	비고
1	계산기	계산용	EA	1	필요시 지참
2	고무주걱	중	EA	1	제과용
3	국자	소	EA	1	
4	나무주걱	제과용, 중형	EA	1	제과용
5	마스크	일반용	EA	1	미착용 시 실격
6	보자기	면(60×60cm)	장	1	
7	분무기		EA	1	
8	붓		EA	1	제과용
9	스쿱	재료 계량용	EA	1	재료 계량 용도의 소도구 지참(스쿱, 계량컵, 주걱, 국자, 쟁반, 기타 용기 등 필요 수량만큼 사용 가능)
10	실리콘페이퍼	테플론 시트	기타	1	필수 준비물은 아니며 수험생 선택사항입니다.
11	오븐장갑	제과제빵용	켤레	1	
12	온도계	제과제빵용	EA	1	유리제품 제외
13	용기(스테인리스 또는 플라스틱)	소형	EA	1	스테인리스 볼, 플라스틱 용기 등 필요시 지참(수량 제한 없음)
14	위생모	흰색	EA	1	미착용 시 실격, 기관 및 성명 표식이 없는 것, 상세안내 참조
15	위생복	흰색(상하의)	벌	1	미착용 시 실격, 기관 및 성명 등의 표식이 없는 것(하의는 앞치마 대체 가능), 상세안내 참조
16	자	문방구용 (30~50cm)	EA	1	
17	작업화		EA	1	위생화 또는 작업화, 기관 및 성명 등의 표식이 없는 것, 상세안내 참조
18	저울	조리용	대	1	시험장에 저울 구비되어 있음, 수험자 선택사항으로 개인용 필요시 지참, 측정단위 1g 또는 2g, 크기 및 색깔 등의 제한 없음, 제과용 및 조리용으로 적합한 저울일 것
19	주걱	제빵용, 소형	EA	1	제빵용
20	짜주머니		EA	1	필수지참 모양깍지는 검정장 시설로 별, 원형, 납작 톱니 모양이 구비되어 있으나, 수험생 별도 지참도 가능합니다.
21	칼	조리용	EA	1	
22	필러칼	조리용	EA	1	사과파이 제조 시 사과 껍질 벗기는 용도, 필요시 지참
23	행주	면	EA	1	
24	흑색 볼펜	사무용	EA	1	

※ 시험장 내 모든 개인물품에는 기관 및 성명 등의 표시가 없어야 합니다.

● 제빵기능사

번호	재료명	규격	단위	수량	비고
1	계산기	휴대용	EA	1	필요시 지참
2	고무주걱	중	EA	1	제과용
3	국자	소	EA	1	
4	나무주걱	제과용, 중형	EA	1	제과용
5	마스크	일반용	EA	1	미착용 시 실격
6	보자기	면(60*60cm)	장	1	
7	분무기		EA	1	제과제빵용
8	붓		EA	1	제과제빵용
9	스쿱	재료 계량용	EA	1	재료계량 용도의 소도구 지참(스쿱, 계량컵, 주걱, 국자, 쟁반, 기타 용기 등 필요 수량만큼 사용 가능)
10	오븐장갑	제과제빵용	켤레	1	
11	온도계	제과제빵용	EA	1	유리제품 제외
12	용기(스테인리스 또는 플라스틱)	소형	EA	1	스테인리스 볼, 플라스틱 용기 등 필요시 지참(수량 제한 없음)
13	위생모	백색 (또는 스카프)	EA	1	미착용 시 실격, 기관 및 성명 표식이 없는 것, 상세안내 참조
14	위생복	흰색(상하의)	벌	1	미착용 시 실격, 기관 및 성명 표식이 없는 것, 상세안내 참조
15	자	문방구용 (30~50cm)	SET	1	
16	작업화		EA	1	위생화 또는 작업화, 기관 및 성명 등의 표식이 없을 것, 상세안내 참조
17	저울	조리용	대	1	시험장에 저울 구비되어 있음, 수험자 선택사항으로 개인용 필요시 지참, 측정단위 1g 또는 2g, 크기 및 색깔 등의 제한 없음, 제과용 및 조리용으로 적합한 저울일 것
18	주걱	제빵용, 소형	EA	1	제빵용
19	짜주머니		EA	1	필수지참 모양깍지는 검정장 시설로 별, 원형, 납작 톱니 모양이 구비되어 있으나, 수험생 별도 지참도 가능합니다.
20	칼	조리용	EA	1	
21	행주	면	EA	1	
22	흑색 볼펜	사무용	EA	1	

※ 시험장 내 모든 개인물품에는 기관 및 성명 등의 표시가 없어야 합니다.

순번	구분	세부기준	채점기준
1	위생복 상의	• 전체 흰색, 기관 및 성명 등의 표식이 없을 것 • 팔꿈치가 덮이는 길이 이상의 7부 · 9부 · 긴소매 (수험자 필요에 따라 흰색 팔토시 가능) • 상의 여밈은 위생복에 부착된 것이어야 하며 벨크로(일명 찍찍이), 단추 등의 크기, 색상, 모양, 재질은 제한하지 않음(단, 금속성 부착물 · 배지 · 핀 등은 금지) • 팔꿈치 길이보다 짧은 소매는 작업 안전상 금지 • 부직포, 비닐 등 화재에 취약한 재질 금지	• 미착용, 평상복(흰 티셔츠 등), 패션모자(흰 털모자, 비니, 야구모자 등)→실격 • 기준 부적합→위생 0점 – 제과용/식품 가공용이 아닌 경우(화재에 취약한 재질 및 실험복 형태의 영양사 · 실험용 가운은 위생 0점) – (일부) 유색/표식이 가려지지 않은 경우 – 반바지 · 치마 등 – 위생모가 뚫려있어 머리카락이 보이거나 수건 등으로 감싸 바느질 마감처리가 되어있지 않고 풀어지기 쉬워 일반 제과제빵 작업용으로 부적합한 경우 등 – 위생복의 개인 표식(이름, 소속)은 테이프로 가릴 것 – 제과제빵 조리도구에 이물질(예, 테이프) 부착 금지
2	위생복 하의 (앞치마)	• '흰색 긴바지 위생복' 또는 '(색상 무관) 평상복 긴바지 + 흰색 앞치마' – 흰색 앞치마 착용 시, 앞치마 길이는 무릎 아래까지 덮이는 길이일 것 – 평상복 긴바지의 색상 · 재질은 제한이 없으나, 부직포 · 비닐 등 화재에 취약한 재질이 아닐 것 – 반바지 · 치마 · 폭넓은 바지 등 안전과 작업에 방해가 되는 복장은 금지	
3	위생모	• 전체 흰색, 기관 및 성명 등의 표식이 없을 것 • 빈틈이 없고, 일반 제과점에서 통용되는 위생모(크기 및 길이, 재질은 제한 없음) – 흰색 머릿수건(손수건)은 머리카락 및 이물에 의한 오염 방지를 위해 착용 금지	
4	마스크	• 침액 오염 방지용으로, 종류는 제한하지 않음 (단, 감염병예방법에 따라 마스크 착용 의무화 기간에는 '투명 위생 플라스틱 입가리개'는 마스크 착용으로 인정하지 않음)	• 미착용 → 실격
5	위생화 (작업화)	• 색상 무관, 기관 및 성명 등의 표식 없을 것 • 조리화, 위생화, 작업화, 운동화 등 가능 (단, 발가락, 발등, 발뒤꿈치가 모두 덮일 것) • 미끄러짐 및 화상의 위험이 있는 슬리퍼류, 작업에 방해가 되는 굽이 높은 구두, 속굽 있는 운동화 금지	• 기준 부적합 → 위생 0점
6	장신구	• 일체의 개인용 장신구 착용 금지 (단, 위생모 고정을 위한 머리핀은 허용) • 손목시계, 반지, 귀걸이, 목걸이, 팔찌 등 이물, 교차오염 등의 식품위생 위해 장신구는 착용하지 않을 것	• 기준 부적합 → 위생 0점
7	두발	• 단정하고 청결할 것, 머리카락이 길 경우 흘러내리지 않도록 머리망을 착용하거나 묶을 것	• 기준 부적합 → 위생 0점

순번	구분	세부기준	채점기준
8	손/손톱	• 손에 상처가 없어야 하나, 상처가 있을 경우 보이지 않도록 할 것(시험위원 확인하에 추가 조치 가능) • 손톱은 길지 않고 청결하며 매니큐어, 인조손톱 등을 부착하지 않을 것	• 기준 부적합→위생 0점
9	위생관리	• 재료, 조리기구 등 조리에 사용되는 모든 것은 위생적으로 처리하여야 하며, 제과제빵용으로 적합한 것일 것	• 기준 부적합→위생 0점
10	안전사고 발생처리	• 칼 사용(손 빔) 등으로 안전사고 발생 시 응급조치를 하여야 하며, 응급조치에도 지혈이 되지 않을 경우 시험 진행 불가	–

※ 일반적인 개인위생, 식품위생, 작업장 위생, 안전관리를 준수하지 않을 경우 감점처리 될 수 있습니다.

1) 항목별 배점은 제조공정 55점, 제품평가 45점이며, 요구사항 외의 제조방법 및 채점기준은 비공개입니다.

2) 시험시간은 재료 전처리 및 계량시간, 제조, 정리정돈 등 모든 작업과정이 포함된 시간입니다(감독위원의 계량확인 시간은 시험시간에서 제외).

3) 수험자 인적사항은 검은색 필기구만 사용하여야 합니다. 그 외 연필류, 유색 필기구, 지워지는 펜 등은 사용이 금지됩니다.

4) 시험 전 과정 위생수칙을 준수하고 안전사고 예방에 유의합니다.

　　– 시작 전 간단한 가벼운 몸 풀기(스트레칭) 운동을 실시한 후 시험을 시작하십시오.

　　– 위생복장의 상태 및 개인위생(장신구, 두발·손톱의 청결 상태, 손 씻기 등)의 불량 및 정리정돈 미흡 시 위생항목 감점처리 됩니다.

5) 다음 사항은 실격에 해당하여 채점 대상에서 제외됩니다.

　　가) 수험자 본인이 수험 도중 시험에 대한 포기 의사를 표현하는 경우

　　나) 위생복 상의, 위생복 하의(또는 앞치마), 위생모, 마스크 중 1개라도 착용하지 않은 경우

　　다) 시험시간 내에 작품을 제출하지 못한 경우

　　라) 수량(미달), 모양을 준수하지 않았을 경우

　　– 요구사항에 명시된 수량 또는 감독위원이 지정한 수량(시험장별 팬의 크기에 따라 조정 가능)을 준수하여 제조하고, 잔여 반죽은 감독위원의 지시에 따라 별도로 제출하시오.

　　– 지정된 수량 초과, 과다 생산의 경우는 총점에서 10점을 감점합니다.

　　　(단, 'O개 이상'으로 표기된 과제는 제외합니다.)

　　– 반죽 제조법(공립법, 별립법, 시퐁법 등)을 준수하지 않은 경우는 제조공정에서 반죽 제조 항목을 0점 처리하고, 총점에서 10점을 추가 감점합니다.

　　마) 상품성이 없을 정도로 타거나 익지 않은 경우

　　바) 지급된 재료 이외의 재료를 사용한 경우

　　사) 시험 중 시설·장비의 조작 또는 재료의 취급이 미숙하여 위해를 일으킬 것으로 감독위원 전원이 합의하여 판단한 경우

6) 의문 사항이 있으면 감독위원에게 문의하고, 감독위원의 지시에 따릅니다.

제과제빵기능사 출제기준(실기)

● 제과기능사

직무 분야	식품가공	중직무분야	제과 · 제빵	자격종목	제과기능사	적용기간	2023.1.1.~2025.12.31.

- 직무내용 : 과자류제품을 제공하기 위한 체계적인 기술과 생산계획을 수립하여 생산, 판매, 위생 및 관련 업무를 실행하는 직무이다.
- 수행준거 : 1. 제품개발을 통해 결정된 제품별 배합표에 따라 재료를 계량하고, 제품 종류에 맞는 반죽 방법으로 반죽하며, 충전물을 제조할 수 있다.
  2. 작업 지시서에 따라 정한 크기로 나누어 원하는 제품 모양으로 만드는 일련의 과정으로 다양한 과자류제품을 분할 패닝하고 성형할 수 있다.
  3. 성형을 거친 반죽을 작업 지시서에 따라 굽기, 튀기기, 찌기 과정을 통해 익힐 수 있다.
  4. 외부환경으로부터 제품을 보호하기 위해 냉각, 장식, 포장할 수 있다.
  5. 제과에 사용되는 재료, 반제품, 완제품의 품질이 변하지 않도록 실온, 냉장, 냉동저장하고 매장에 적시에 제품을 제공할 수 있다.
  6. 완제품의 위생적이고 안전한 제조를 위해서 개인, 환경, 기기, 공정의 위생안전관리를 수행할 수 있다.
  7. 제품생산 시작 전에 개인위생, 작업장 환경, 기기 · 도구에 대한 점검과 제품생산에 필요한 재료를 계량할 수 있다.

실기검정방법	작업형	시험시간	3시간 정도

실기과목명	주요항목	세부항목	세세항목
제과 실무	1. 과자류제품 재료혼합	1. 재료 계량하기	1. 최종제품 규격서에 따라 배합표를 점검할 수 있다. 2. 제품별 배합표에 따라 재료를 준비할 수 있다. 3. 제품별 배합표에 따라 재료를 계량할 수 있다. 4. 제품별 배합표에 따라 정확한 계량 여부를 확인할 수 있다.
		2. 반죽형 반죽하기	1. 반죽형 반죽제조 시 제품별로 배합표에 따라 재료를 확인할 수 있다. 2. 반죽형 반죽제조 시 재료의 특성에 따라 전처리를 할 수 있다. 3. 반죽형 반죽제조 시 작업지시서에 따라 해당제품의 반죽을 할 수 있다. 4. 반죽형 반죽제조 시 작업지시서에 따라 반죽온도, 재료온도, 비중 등을 관리할 수 있다.

실기과목명	주요항목	세부항목	세세항목
		3. 거품형 반죽하기	1. 거품형 반죽제조 시 제품별로 배합표에 따라 재료를 확인할 수 있다. 2. 거품형 반죽제조 시 재료의 특성에 따라 전처리를 할 수 있다. 3. 거품형 반죽제조 시 작업지시서에 따라 해당 제품의 반죽을 할 수 있다. 4. 거품형 반죽제조 시 작업지시서에 따라 반죽온도, 재료온도, 비중 등을 관리할 수 있다.
		4. 퍼프 페이스트리 반죽하기	1. 퍼프 페이스트리 반죽제조 시 제품별로 배합표에 따라 재료를 확인할 수 있다. 2. 퍼프 페이스트리 반죽제조 시 작업지시서에 따라 전처리를 할 수 있다. 3. 퍼프 페이스트리 반죽제조 시 작업지시서에 따라 반죽을 할 수 있다. 4. 퍼프 페이스트리 반죽제조 시 작업지시서에 따른 작업장온도, 유지온도, 반죽온도 등을 관리할 수 있다.
		5. 충전물 제조하기	1. 충전물 제조 시 작업지시서에 따라 재료를 확인할 수 있다. 2. 충전물 제조 시 재료의 특성에 따라 전처리를 할 수 있다. 3. 충전물 제조 시 작업지시서에 따라 해당 제품의 충전물을 만들 수 있다. 4. 충전물 제조 시 작업지시서의 규격에 따라 충전물의 품질을 점검할 수 있다.
		6. 다양한 반죽하기	1. 다양한 제품 반죽 시 제품별로 배합표에 따라 재료를 확인할 수 있다. 2. 다양한 제품 반죽 시 작업지시서에 따라 전처리를 할 수 있다. 3. 다양한 제품 반죽 시 작업지시서에 따라 반죽을 할 수 있다. 4. 다양한 제품 반죽 시 작업지시서의 규격에 따른 해당 제품 반죽의 품질을 점검할 수 있다.
	2. 과자류제품 반죽정형	1. 분할 패닝하기	1. 분할 패닝 시 제품에 따른 팬, 종이 등 필요기구를 사전에 준비할 수 있다. 2. 분할 패닝 시 작업지시서의 분할방법에 따라 반죽 양을 조절할 수 있다. 3. 분할 패닝 시 작업지시서에 따라 해당제품의 분할 패닝을 할 수 있다. 4. 분할 패닝 시 작업지시서에 따른 적정여부를 확인할 수 있다.

실기과목명	주요항목	세부항목	세세항목
		2. 쿠키류 성형하기	1. 쿠키류 성형 시 작업지시서에 따라 정형에 필요한 기구, 설비를 준비할 수 있다. 2. 쿠키류 성형 시 작업지시서에 따라 정형방법을 결정할 수 있다. 3. 쿠키류 성형 시 제품의 특성에 따라 분할하여 정형할 수 있다. 4. 쿠키류 성형 시 작업지시서의 규격 여부에 따라 정형 결과를 확인할 수 있다.
		3. 퍼프 페이스트리 성형하기	1. 퍼프 페이스트리 성형 시 작업지시서에 따라 정형에 필요한 기구, 설비를 준비할 수 있다. 2. 퍼프 페이스트리 성형 시 작업지시서에 따라 반죽상태에 따른 정형방법을 결정할 수 있다. 3. 퍼프 페이스트리 성형 시 제품의 특성에 따라 분할하여 정형할 수 있다. 4. 퍼프 페이스트리 성형 시 작업지시서의 규격 여부에 따라 정형결과를 확인할 수 있다.
		4. 다양한 성형하기	1. 다양한 제품 성형 시 작업지시서에 따라 정형에 필요한 기구, 설비를 준비할 수 있다. 2. 다양한 제품 성형 시 작업지시서에 따라 정형 방법을 결정할 수 있다. 3. 다양한 제품 성형 시 제품의 특성에 따라 분할, 정형할 수 있다. 4. 다양한 제품 성형 시 작업지시서의 규격 여부에 따라 정형 결과를 확인할 수 있다.
	3. 과자류제품 반죽익힘	1. 반죽 굽기	1. 굽기 시 작업지시서에 따라 오븐의 종류를 선택할 수 있다. 2. 굽기 시 작업지시서에 따라 오븐 온도, 시간, 습도 등을 설정할 수 있다. 3. 굽기 시 제품특성에 따라 오븐 온도, 시간, 습도 등에 대한 굽기관리를 할 수 있다. 4. 굽기 완료 시 작업지시서에 따라 적합하게 구워졌는지 확인할 수 있다.

실기과목명	주요항목	세부항목	세세항목
		2. 반죽 튀기기	1. 튀기기 시 작업지시서에 따라 튀김류의 품질, 온도, 양 등을 맞출 수 있다. 2. 튀기기 시 작업지시서에 따라 양면이 고른 색상을 갖고 익도록 튀길 수 있다. 3. 튀기기 시 제품 특성에 따라 제품이 서로 붙거나 기름을 지나치게 흡수되지 않도록 튀김 관리를 할 수 있다. 4. 튀김 완료 시 작업지시서에 따라 적합하게 튀겨졌는지 확인할 수 있다.
		3. 반죽 찌기	1. 찌기 시 작업지시서에 따라 찜기의 종류를 선택할 수 있다. 2. 찌기 시 작업지시서에 따라 스팀 온도, 시간, 압력 등을 설정할 수 있다. 3. 찌기 시 제품특성에 따라 스팀 온도, 시간, 압력 등에 대한 찌기관리를 할 수 있다. 4. 찌기 완료 시 작업지시서에 따라 적합하게 익었는지 확인할 수 있다.
	4. 과자류제품 포장	1. 과자류제품 냉각하기	1. 제품 냉각 시 작업지시서에 따라 냉각방법을 선택할 수 있다. 2. 제품 냉각 시 작업지시서에 따라 냉각환경을 설정할 수 있다. 3. 제품 냉각 시 설정된 냉각환경에 따라 냉각할 수 있다. 4. 제품 냉각 시 작업지시서에 따라 적합하게 냉각되었는지 확인할 수 있다.
		2. 과자류제품 장식하기	1. 제품 장식 시 제품의 특성에 따라 장식물, 장식 방법을 선택할 수 있다. 2. 제품 장식 시 장식 방법에 따라 장식조건을 설정할 수 있다. 3. 제품 장식 시 설정된 장식조건에 따라 장식할 수 있다. 4. 제품 장식 시 제품의 특성에 적합하게 장식되었는지 확인할 수 있다.
		3. 과자류제품 포장하기	1. 제품 포장 시 제품의 특성에 따라 포장 방법을 선택할 수 있다. 2. 제품 포장 시 포장방법에 따라 포장재를 결정할 수 있다. 3. 제품 포장 시 선택된 포장방법에 따라 포장할 수 있다. 4. 제품 포장 시 제품의 특성에 적합하게 포장되었는지 확인할 수 있다. 5. 제품 포장 시 제품의 유통기한, 생산일자를 표기할 수 있다.

실기과목명	주요항목	세부항목	세세항목
		1. 과자류제품 실온냉장저장하기	1. 실온 및 냉장보관 재료와 완제품의 저장 시 위생안전 기준에 따라 생물학적, 화학적, 물리적 위해요소를 제거할 수 있다. 2. 실온 및 냉장보관 재료와 완제품의 저장 시 관리기준에 따라 온도와 습도를 관리할 수 있다. 3. 실온 및 냉장보관 재료의 사용 시 선입선출 기준에 따라 관리할 수 있다. 4. 실온 및 냉장보관 재료와 완제품의 저장 시 작업편의성을 고려하여 정리 정돈할 수 있다.
5. 과자류제품 저장유통		2. 과자류제품 냉동저장하기	1. 냉동보관 재료, 반제품, 완제품의 저장 시 위생안전 기준에 따라 생물학적, 화학적, 물리적 위해요소를 제거할 수 있다. 2. 냉동보관 재료, 반제품, 완제품의 저장 시 관리기준에 따라 온도와 습도를 관리할 수 있다. 3. 냉동보관 재료의 사용 시 선입선출 기준에 따라 관리할 수 있다. 4. 냉동보관 재료, 반제품, 완제품의 저장 시 작업 편의성을 고려하여 정리 정돈할 수 있다.
		3. 과자류제품 유통하기	1. 제품 유통 시 식품위생 법규에 따라 안전한 유통기간 설정 및 적정한 표시를 할 수 있다. 2. 제품 유통을 위한 포장 시 포장기준에 따라 파손 및 오염이 되지 않도록 포장할 수 있다. 3. 제품 유통 시 관리 온도기준에 따라 적정한 온도를 설정할 수 있다. 4. 제품 공급 시 배송조건을 고려하여 고객이 원하는 시간에 맞춰 제공할 수 있다.
6. 과자류제품 위생안전관리		1. 개인 위생안전 관리하기	1. 식품위생법에 준해서 개인위생안전관리 지침서를 만들 수 있다. 2. 식품위생법에 준한 작업복, 복장, 개인건강, 개인위생 등을 관리할 수 있다. 3. 식품위생법에 준한 개인위생으로 발생하는 교차오염 등을 관리할 수 있다. 4. 식중독의 발생 요인과 증상 및 대처방법에 따라 개인위생에 대하여 점검 관리할 수 있다.

실기과목명	주요항목	세부항목	세세항목
		2. 환경 위생안전 관리하기	1. 작업환경 위생안전관리 시 식품위생법규에 따라 작업환경 위생안전관리 지침서를 작성할 수 있다. 2. 작업환경 위생안전관리 시 지침서에 따라 작업장 주변 정리 정돈 및 소독 등을 관리 점검할 수 있다. 3. 작업환경 위생안전관리 시 지침서에 따라 제품을 제조하는 작업장 및 매장의 온·습도관리를 통하여 미생물 오염원인, 안전위해요소 등을 제거할 수 있다. 4. 작업환경 위생안전관리 시 지침서에 따라 방충, 방서, 안전관리를 할 수 있다. 5. 작업환경 위생안전관리 시 지침서에 따라 작업장 주변 환경을 관리할 수 있다.
		3. 기기 안전관리하기	1. 기기관리 시 내부안전규정에 따라 기기관리 지침서를 작성할 수 있다. 2. 기기관리 시 지침서에 따라 기자재를 관리할 수 있다. 3. 기기관리 시 지침서에 따라 소도구를 관리할 수 있다. 4. 기기관리 시 지침서에 따라 설비를 관리할 수 있다.
		4. 공정 안전관리하기	1. 공정관리 시 내부공정관리규정에 따라 공정관리 지침서를 작성할 수 있다. 2. 공정관리 지침서에 따라 제품설명서를 작성할 수 있다. 3. 공정관리 지침서에 따라 제빵공정도 및 작업장 평면도 등 공정흐름도를 작성할 수 있다. 4. 공정관리 지침서에 따라 제과공정별 생물학적, 화학적, 물리적 위해요소를 도출할 수 있다. 5. 공정관리 지침서에 따라 제과공정별 중요 관리점을 도출할 수 있다. 6. 공정관리 지침서에 따라 굽기, 냉각 등 공정에 대해 한계 기준, 모니터링, 개선조치 등이 포함된 관리계획을 작성할 수 있다. 7. 공정별로 작성된 관리계획에 따라 굽기, 냉각 등 공정을 관리할 수 있다. 8. 공정관리 한계 기준 이탈 시 적절한 개선조치를 취할 수 있다.

실기과목명	주요항목	세부항목	세세항목
	7. 과자류제품 생산작업 준비	1. 개인위생 점검하기	1. 위생복 착용지침서에 따라 위생복을 착용할 수 있다. 2. 두발, 손톱, 손을 청결하게 할 수 있다. 3. 목걸이, 반지, 귀걸이, 시계를 착용할 수 없다.
		2. 작업환경 점검하기	1. 작업실 바닥을 수분이 없이 청결하게 할 수 있다. 2. 작업대를 청결하게 할 수 있다. 3. 작업실의 창문의 청결 상태를 점검할 수 있다.
		3. 기기 · 도구 점검하기	1. 작업지시서에 따라 사용할 믹서를 청결히 준비할 수 있다. 2. 작업지시서에 따라 사용할 도구를 준비할 수 있다. 3. 작업지시서에 따라 사용할 팬을 준비할 수 있다. 4. 작업지시서에 따라 오븐을 예열할 수 있다.

● 제빵기능사

직무분야	식품가공	중직무분야	제과 · 제빵	자격종목	제빵기능사	적용기간	2023.1.1.~2025.12.31.

- 직무내용 : 빵류 제품을 제공하기 위한 체계적인 기술과 생산계획을 수립하여 생산, 판매, 위생 및 관련 업무를 실행하는 직무이다.
- 수행준거 : 1. 제품개발을 통해 결정된 제품별 배합표에 따라 재료를 계량하고 여러 가지 제조 방법에 따라 반죽을 만들 수 있다.
  2. 빵의 종류에 따라 부피와 풍미를 결정하는 것으로 1차 발효하기, 2차 발효하기, 다양한 발효를 할 수 있다.
  3. 발효된 반죽을 미리 정한 크기로 나누어 원하는 제품 모양으로 만드는 과정으로 분할, 둥글리기, 중간 발효, 성형, 패닝을 수행할 수 있다.
  4. 식감과 풍미가 좋아지도록 제품의 특성에 적합한 온도로 익히기를 할 수 있다.
  5. 빵의 특성에 따라 충전을 하거나 토핑을 하여 제품을 냉각, 포장 및 진열할 수 있다.
  6. 완제품의 위생적이고 안전한 제조를 위해서 개인, 환경, 기기, 공정의 위생안전관리를 수행할 수 있다.
  7. 생산 시작 전에 개인위생, 작업장 환경, 기기 · 도구에 대한 점검과 제품 생산에 필요한 재료를 계량할 수 있다.

실기검정방법	작업형	시험시간	4시간 정도

실기과목명	주요항목	세부항목	세세항목
제빵 실무	1. 빵류제품 스트레이트 반죽	1. 스트레이트법 반죽하기	1. 스트레이트 반죽 시 작업지시서에 따라 사용수의 온도를 조절할 수 있다. 2. 스트레이트 반죽 시 제품 특성에 따라 반죽기의 속도를 조절할 수 있다. 3. 스트레이트 반죽 완료 시 제품 특성에 따라 반죽 정도의 적절성을 점검할 수 있다.
		2. 비상스트레이트법 반죽하기	1. 비상스트레이트 반죽 시 작업지시서에 따라 사용수의 온도를 조절할 수 있다. 2. 비상스트레이트 반죽 시 제품 특성에 따라 반죽기의 속도를 조절할 수 있다. 3. 비상스트레이트 반죽 완료 시 제품 특성에 따라 반죽 정도의 적절성을 점검할 수 있다.
	2. 빵류제품 스펀지 도우 반죽	1. 스펀지 반죽하기	1. 스펀지 반죽 준비 시 작업지시서에 따라 사용수의 온도를 계산할 수 있다. 2. 스펀지 반죽 시 제품 특성에 따라 반죽기의 속도를 조절할 수 있다. 3. 스펀지 반죽 완료 시 제품 특성에 따라 반죽 정도의 적절성을 점검할 수 있다.

실기과목명	주요항목	세부항목	세세항목
		2. 본반죽하기	1. 본반죽 시 제품 특성에 따라 스펀지 상태를 점검할 수 있다. 2. 본반죽 준비 시 작업지시서에 따라 사용수의 온도를 계산할 수 있다. 3. 본반죽 시 제품 특성에 따라 반죽기의 속도를 조절할 수 있다. 4. 본반죽 완료 시 제품 특성에 따라 반죽 정도의 적절성을 점검할 수 있다.
	3. 빵류제품 특수 반죽	1. 사우어도우법 반죽하기	1. 제품 특성에 적합한 사우어도우 스타터를 만들 수 있다. 2. 온도와 시간에 따라 사우어도우 스타터를 점검할 수 있다. 3. 최종 반죽의 물성에 적합하도록 사용수 온도와 양을 조절할 수 있다. 4. 제품 특성에 따라 반죽기의 속도를 조절할 수 있다. 5. 스타터 상태에 따라 최종 반죽의 적절성을 점검할 수 있다.
		2. 액종법 반죽하기	1. 제품 특성에 적합한 액종을 선택하여 만들 수 있다. 2. 온도와 시간에 따라 액종 상태를 점검 관리할 수 있다. 3. 최종 반죽의 물성에 적합하도록 사용수 온도와 양을 조절할 수 있다. 4. 제품 특성에 따라 반죽기의 속도를 조절할 수 있다. 5. 액종 상태에 따라 최종 반죽의 적절성을 점검할 수 있다.
	4. 빵류제품 반죽발효	1. 1차 발효하기	1. 1차 발효 시 제품별 발효 조건을 기준으로 발효할 수 있다. 2. 1차 발효 시 반죽 온도의 차이에 따라 발효 시간을 조절할 수 있다. 3. 1차 발효 시 발효 조건에 따라 발효 시간을 조절할 수 있다. 4. 1차 발효 시 팽창 정도에 따라 발효 완료 시점을 찾을 수 있다.

실기과목명	주요항목	세부항목	세세항목
		2. 2차 발효하기	1. 2차 발효 시 제품별 발효조건에 맞게 발효할 수 있다. 2. 2차 발효 시 반죽 분할량과 정형모양에 따라 발효시점을 확인할 수 있다. 3. 2차 발효 시 빵을 굽는 오븐 조건에 따라 2차 발효를 조절할 수 있다. 4. 2차 발효 시 빵의 특성에 따라 면포, 덧가루를 사용할 수 있다.
		3. 다양한 발효하기	1. 다양한 발효 시 반죽의 종류에 따라 발효조건에 맞게 발효할 수 있다. 2. 다양한 발효 시 발효의 분류에 따라 온도 및 시간을 조절할 수 있다. 3. 다양한 발효 시 제품에 따라 펀칭, 발효할 수 있다.
	5. 빵류제품 반죽정형	1. 반죽 분할 및 둥글리기	1. 반죽 분할 시 제품 기준 중량을 기반으로 계량하여 분할 할 수 있다. 2. 반죽 분할 시 제품 특성을 기준으로 신속, 정확하게 분할 할 수 있다. 3. 반죽 둥글리기 시 반죽 크기에 따라 둥글리기 할 수 있다. 4. 반죽 둥글리기 시 실내온도와 반죽 상태를 고려하여 둥글리기 할 수 있다.
		2. 중간 발효하기	1. 중간 발효 시 제품 특성을 기준으로 실온 또는 발효실에서 발효할 수 있다. 2. 중간 발효 시 반죽 크기에 따라 반죽의 간격을 유지하여 중간 발효할 수 있다. 3. 중간 발효 시 반죽이 마르지 않도록 비닐 또는 젖은 헝겊으로 덮어 관리할 수 있다. 4. 중간 발효 시 제품 특성에 따라 중간 발효시간을 조절할 수 있다.
		3. 반죽 성형 패닝하기	1. 성형작업 시 밀대를 이용하여 가스빼기를 할 수 있다. 2. 손으로 성형 시 제품의 특성에 따라 말기, 꼬기, 접기, 비비기를 할 수 있다. 3. 성형작업 시 충전물과 토핑물을 이용하여 싸기, 바르기, 짜기, 넣기를 할 수 있다. 4. 패닝작업 시 비용적을 계산하여 적정량을 패닝할 수 있다. 5. 패닝작업 시 발효율과 사용할 팬을 고려하여 적당한 간격으로 패닝할 수 있다.

실기과목명	주요항목	세부항목	세세항목
6. 빵류제품 반죽익힘		1. 반죽 굽기	1. 굽기 시 빵의 특성에 따라 발효상태, 충전물, 반죽물성에 적합한 시간과 온도를 결정할 수 있다. 2. 반죽을 오븐에 넣을 시 팽창상태를 기준으로 충격을 최소화하여 굽기를 할 수 있다. 3. 굽기 시 온도편차를 고려하여 팬의 위치를 바꾸어 골고루 구워낼 수 있다. 4. 굽기 시 반죽의 발효 상태와 토핑물의 종류를 고려하여 구워낼 수 있다.
		2. 반죽 튀기기	1. 튀기기 시 반죽 표피의 수분량을 고려하여 건조 시켜 튀겨낼 수 있다. 2. 튀기기 시 반죽의 발효 상태를 고려하여 튀김 온도와 시간, 투입 시점을 조절할 수 있다. 3. 튀기기 시 제품의 품질을 고려하여 튀김 기름의 신선도를 확인할 수 있다. 4. 튀기기 시 제품특성에 따라 모양과 색상을 균일하게 튀겨낼 수 있다.
		3. 다양한 익히기	1. 다양한 익히기 시 제품특성에 따라 익히는 방법을 결정할 수 있다. 2. 찌기 시 제품특성에 따라 찌기온도와 시간을 조절할 수 있다. 3. 찌기 시 제품의 크기와 생산량에 따라 찜통의 용량을 조절할 수 있다. 4. 데치기 시 발효상태와 생산량에 따라 온도와 용기의 용량을 조절하여 생산할 수 있다.
7. 빵류제품 마무리		1. 빵류제품 충전하기	1. 충전물 선택 시 영양성분을 고려하여 맛과 영양을 극대화할 수 있다. 2. 충전물 생산 시 제품의 특성을 고려하여 충전물을 생산할 수 있다. 3. 충전물 사용 시 제품과 재료의 특성을 고려하여 충전물을 사용, 관리할 수 있다. 4. 충전물 사용 완료 시 정확한 비율과 사용량을 기반으로 완제품을 만들 수 있다.
		2.. 빵류제품 토핑하기	1. 토핑물 선택 시 영양성분을 고려하여 맛과 영양을 극대화 할 수 있다. 2. 토핑물 생산 시 제품의 특성을 고려하여 토핑물을 생산할 수 있다. 3. 토핑물 사용 시 제품과 재료의 특성을 고려하여 토핑물을 사용, 관리할 수 있다. 4. 토핑물 사용 완료 시 정확한 비율과 사용량을 기반으로 완제품을 만들 수 있다.

실기과목명	주요항목	세부항목	세세항목
		3. 빵류제품 냉각포장하기	1. 포장, 진열 시 제품 특성과 포장재, 진열대를 고려하여 제품의 신선도를 유지, 관리할 수 있다. 2. 포장, 진열 시 제품 특성과 포장재, 진열대를 고려하여 제품을 위생적으로 유지, 관리할 수 있다. 3. 진열관리 시 제품 특성에 따라 제품을 더욱 돋보이게 진열할 수 있다. 4. 제품을 진열관리 시 판매 시간 및 매출 추이를 기반으로 재고 관리를 할 수 있다.
	8. 빵류제품 위생안전관리	1. 개인 위생안전관리하기	1. 식품위생법에 준해서 개인위생 안전관리 지침서를 만들 수 있다. 2. 식품위생법에 준한 작업복, 복장, 개인건강, 개인위생 등을 관리할 수 있다. 3. 식품위생법에 준한 개인위생으로 발생하는 교차오염 등을 관리할 수 있다. 4. 식중독의 발생 요인과 증상 및 대처 방법에 따라 개인위생에 대하여 점검 관리할 수 있다.

제과제빵 이론

01. 제과 공정

1) 반죽법 결정

2) 계량 – 시간 내에 정확하게 계량한다.

3) 반죽 – 제품별 제법(반죽형, 거품형, 시퐁형)에 맞는 순서와 제조법으로 반죽온도와 비중을 맞춰 제조한다.

   (1) 반죽온도 – 반죽온도가 높으면 기공이 크고 조직이 거칠며 노화가 빨리 진행되어 상품성이 떨어진다. 반죽온도가 낮으면 기공이 조밀하고 제품의 부피가 작고 표면이 처지는 현상이 나타나다. 제과 공정에서 반죽온도는 제품에 미치는 영향이 커 제품품질에 영향을 주므로 온도에 신경 쓰며 반죽하는 것이 중요하다.

   (2) 비중 – 같은 부피의 반죽 무게를 물 무게로 나눈 값으로 그 값이 낮으면 비중이 낮은 것이다. 비중이 낮은 제품은 공기를 많이 포함하고 있어 조직이 거칠며 제품의 부피가 크다. 반면 비중이 높으면 부피가 작다.

4) 정형, 패닝 – 제품규격에 맞는 팬과 패닝의 양을 조절하며 손실이 생기지 않도록 한다.

   (1) 반죽형 반죽 – 팬 부피의 75~80%
   (2) 거품형 반죽 – 팬 부피의 60~70%

5) 굽기 – 제품별 굽기 온도와 시간을 지켜 설익거나 주저앉지 않도록 한다.

6) 냉각 및 마무리 – 크림 충전 등 충분히 식힌 후 요구사항대로 마무리한다.

02. 제빵 공정

1) 반죽법 결정 – 제품 제조량이나 제조설비, 노동력, 소비자의 형태에 따라 합리적인 제빵법을 결정한다.

2) 배합표 작성

3) 재료계량 – 빵을 만들 때 사용하는 모든 재료를 저울에 정확하게 측정하는 것이다.

4) 원료의 전처리 – 밀가루의 체질, 건조과일 흡수 등 재료를 사전에 처리하는 과정을 말한다.

5) 반죽

(1) **혼합단계(pick up-stage)**: 밀가루와 그 밖의 재료가 물과 대략 섞이는 단계로 글루텐은 거의 형성되지 않는다.

(2) **클린업단계(clean up-stage)**: 수분이 밀가루에 완전히 흡수되어 한 덩어리의 반죽이 만들어지는 단계이다. 대부분 이 단계에 유지를 투입하여 믹싱한다.

(3) **발전단계(development-stage)**: 글루텐의 결합이 진행되어 반죽의 탄력성이 최대가 되며 반죽 표면이 매끈해지기 시작한다.

(4) **최종단계(final-stage)**: 글루텐이 결합하는 마지막 단계로 탄력성과 신장성이 최대이다. 반죽 표면을 살짝 펼쳤을 때 손가락이 살짝 비치며 얇은 막이 형성되어 있다. 대부분의 빵은 최종단계에서 완료한다.

(5) **렛다운단계(let down-stage)**: 탄력성은 사라지고 신장성만 남는 단계로 햄버거 빵이나 잉글리시 머핀 제조에 적당하다.

(6) **파괴단계(break down-stage)**: 반죽이 지나쳐 탄력성과 신장성은 잃게 되고 빵의 모양이 형성되지 않는다.

6) 1차 발효 - 온도 27℃, 습도 75 ~85%, 부피 2~3배 정도

7) 분할 - 제품별 정해진 중량대로 분할 (10~20분내)

8) 둥글리기 - 표면을 매끄럽게 둥글리기

9) 중간 발효- 둥글리기가 끝난 반죽을 정형하기 전에 짧은 시간 동안 발효하는 것

10) 정형 - 제품별 성형방법대로(밀어펴기, 말기, 봉하기)

11) 패닝 - 정형이 다 된 반죽을 틀이나 팬에 나열하는 일로 이음매 부분이 아래로 가도록 하여 패닝(패닝 간격에 유의)

12) 2차 발효 - 40℃ 전후의 고온 다습한 발효실에 넣고 한 번 더 가스를 포함시켜 제품 부피의 70~80%까지 부풀리는 작업

13) 굽기 - 2차 발효 과정인 생화학적인 반응이 굽기 후반부터 멈추고 전분과 단백질이 열변성하여 구조력을 형성시키는 과정으로 제품별로 다른 조건온도로 굽기

14) 냉각 - 갓 구워 낸 빵을 식혀 제품의 손실을 최소한으로 하고 빵을 자르고 포장하기 쉽도록 하는 과정

15) 포장 - 제품의 가치와 상태를 보호하기 위해 제품을 담는 일

제과 반죽법

1. 반죽형 반죽(파운드케이크, 초코머핀, 마데라 컵케이크, 과일케이크, 브라우니)

① **크림법(부피감)** – 상온상태의 유지를 부드럽게 풀고 설탕을 넣고 크림상태로 만든 후 달걀을 조금씩 투입하여 설탕이 용해되도록 한 후 밀가루 및 팽창제를 넣어 부피감을 형성시킨다.

② **블렌딩법(유연감)** – 제품의 조직을 부드럽게 하고자 할 때 사용하는 방법으로 밀가루와 차가운 유지를 피복한 후 액체재료를 넣고 혼합한다. 주로 파이 껍질을 형성할 때 이용한다.

③ **1단계법(시간과 노동력 절감)** – 가루재료 및 모든 재료를 넣고 한 번에 넣고 반죽하는 방법으로 브라우니와 마들렌 등이 해당된다.

④ **설탕/물법** – 설탕과 물의 비율을 2:1로 녹여 시럽을 만들어 가루재료를 혼합하고 달걀을 넣고 반죽하는 방법 주로 대량생산 시에 이용한다.

2. 거품형 반죽(스펀지케이크, 롤케이크, 시폰케이크)

① **공립법** – 달걀흰자와 노른자를 함께 섞어 거품을 올린 후 가루재료를 넣고 반죽하는 방법

   ㄱ. **더운 믹싱법(중탕법)** – 달걀과 설탕을 혼합하여 설탕이 용해되는 43 ℃가 될 때까지 중탕하여 믹싱한다. 공기포집이 안정적이고 빠르게 형성된다.

   ㄴ. **찬 믹싱법** – 달걀과 설탕을 섞은 뒤 믹싱한다. 기공이 탄력 있고 간편하다.

② **별립법** – 달걀 흰자와 노른자를 분리하여 각각 기포를 내어 주는 반죽법

3. 시폰형 반죽

별립법과 비슷하게 흰자와 노른자를 분리하여 반죽하지만, 노른자 반죽은 기포를 형성하지 않는 차이점이 있다. 흰자 머랭과 화학팽창제의 힘으로 팽창시키는 것이 특징이다.

제빵 반죽법

1. **스트레이트법** – 유지를 제외한 전 재료를 한꺼번에 반죽하는 방법으로 유지는 클린업 단계에 넣어 반죽하는 방법으로 직접 반죽법이라고도 한다.

2. **비상반죽법** – 이스트의 양을 늘려 제품 생산성을 빠르게 하고자 하는 반죽법으로 제조시간을 단축시킨다.
   ① 반죽온도를 30℃까지 한다.
   ② 이스트 양을 2배로 한다.
   ③ 설탕과 물의 양을 줄여 삼투압 현상 감소로 활성을 촉진한다.
   ④ 이스트 푸드의 양을 늘린다.

3. **스펀지도우법(중종법)** – 같은 제품을 제조하는 데 있어서 믹싱과 발효를 두 번에 걸쳐서 진행하는 반죽법으로 대규모의 공장에서 사용하는 반죽법이다.

4. **액종법** – 액종을 이용한 제빵법으로 Ph 4.2~5의 액종을 만든 후 본 반죽을 하는 방법 액종법은 발효시간이 짧아서 발효에 따른 글루텐의 숙성과 향을 기대할 수 없어 기계적인 힘으로 숙성한다.

5. **연속식 제빵법** – 액종법을 발전시킨 제빵법으로 반죽기, 분할기 등으로 연속작업을 하는 반죽법이다. 대규모 단일 품목의 대량생산에 적합하다.

6. **재반죽법** – 스펀지법의 장점을 살려 스펀지보다 짧은 시간에 공정을 마칠 수 있는 방법

7. **노타임반죽법** – 산화제와 환원제의 사용으로 화학적 숙성으로 반죽하는 반죽법

8. **냉동반죽법** – 믹싱이 끝난 반죽을 –40℃에서 급속 냉동하여 –18~–25℃에 냉동 저장하여 사용하는 반죽법

9. **찰리우드법** – 고속으로 반죽할 수 있는 반죽기를 이용하여 반죽함으로써 화학적인 발효에 따른 반죽의 숙성을 대신하는 반죽법

10. **오버나이트 스펀지법** – 12~24시간 정도 발효한 스펀지를 이용하는 방법으로 반죽의 신장성과 향, 맛이 좋으며 빵의 저장성이 높아진다. 발효로 인한 손실은 크다.

제과기능사

구움과자류 버터쿠키 | 쇼트브레드쿠키 | 마드레느 | 다쿠와즈

반죽형 케이크류 파운드케이크 | 과일케이크 | 브라우니 | 초코머핀 | 마데라컵케이크

거품형 케이크류 버터스펀지케이크(공립법) | 버터스펀지케이크(별립법) | 시폰케이크(시폰법)

　　　　　　　　　　젤리롤케이크 | 초코롤케이크 | 흑미롤케이크 | 소프트롤케이크 | 치즈케이크

슈류 슈

타르트류 타르트

파이류 호두파이

구
움
과
자
류

학습내용	평가항목	성취수준		
		상	중	하
배합표 점검	작업지시서에 따라 배합표를 점검할 수 있다.			
재료계량	제품별 배합표에 따라 재료를 준비할 수 있다.			
	제품별 배합표에 따라 재료를 계량할 수 있다.			
	제품별 배합표에 따라 정확한 계량여부를 확인할 수 있다.			
반죽형 반죽	반죽형 반죽 제조 시 제품별로 배합표에 따라 재료를 확인할 수 있다.			
	반죽형 반죽 제조 시 재료의 특성에 따라 전처리를 할 수 있다.			
	반죽형 반죽 제조 시 작업지시서에 따라 해당제품의 반죽을 할 수 있다.			
	반죽형 반죽 제조 시 작업지시서에 따라 반죽온도, 재료온도,비중 등을 관리할 수 있다.			
쿠키류 정형	쿠키류 정형 시 작업지시서에 따라 정형에 필요한 기구를 준비할 수 있다.			
	쿠키류 정형 시 제품의 특성에 따라 분할하여 성형, 패닝할 수 있다.			
	쿠키류 정형 시 작업지시서의 규격여부에 따라 정형 결과를 확인할 수 있다.			
과자류 제품반죽 굽기	제품의 특성에 따라 오븐의 종류를 선택할 수 있다.			
	제품의 특성에 따라 오븐온도, 시간, 습도 등을 설정할 수 있다.			
	제품의 특성에 따라 오븐온도, 시간, 습도 등에 대한 굽기 관리를 할 수 있다.			
	굽기 완료 시 제품의 특성에 따라 적합하게 구워진 상태를 확인할 수 있다.			

학습자 **결과물**

시험시간
2시간

버터쿠키

요구사항 다음 요구사항대로 버터쿠키를 제조하여 제출하시오.

① 배합표의 각 재료를 계량하여 재료별로 진열하시오.(6분)

② 반죽은 크림법으로 수작업하시오.

③ 반죽온도는 22℃를 표준으로 하시오.

④ 별모양깍지를 끼운 짜주머니를 사용하여 2가지 모양 짜기를 하시오.(8자, 장미모양)

⑤ 반죽은 전량을 사용하여 성형하시오.

재료명	비율(%)	무게(g)
박력분(Soft flour)	100	400
버터(Butter)	70	280
소금(Salt)	1	4
달걀(Egg)	30	120
설탕(Sugar)	50	200
바닐라향(Vanilla powder)	0.5	2
계	251.5	1,006

만드는 법

1. 재료 계량을 정확하게 한다.

2. 볼에 버터를 넣고 거품기로 부드럽게 풀어 준 다음 설탕과 소금을 넣고 풀어준다.

3. 달걀을 조금씩 넣어 크림화한다.

4. 체질한 가루재료를 주걱으로 섞는다. (글루텐이 형성되지 않도록 주의)

5. 짜주머니에 별모양깍지를 끼우고 반죽을 담아 준비한다.

6. 장미모양, 8자모양을S자로 팬에 균일하게 짠다.

7. 윗불 180℃ 아랫불 150℃에 10~13분간 굽는다.

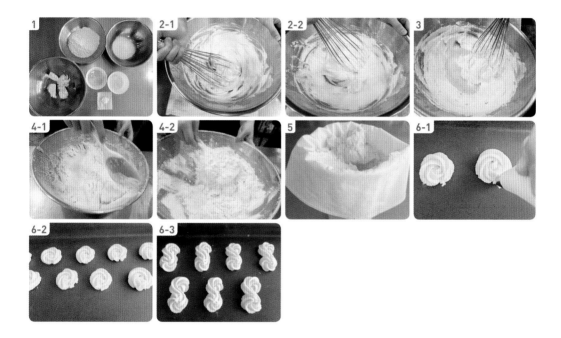

Memo

● 반죽이 오버믹싱이 되지 않도록 크림화한다. (약간의 퍼짐성을 이용한다.)

● 짤 때는 모양, 두께, 간격을 일정하게 유지한다.

시험시간
2시간

쇼트브레드쿠키

요구사항 다음 요구사항대로 쇼트브레드쿠키를 제조하여 제출하시오.

① 배합표의 각 재료를 계량하여 재료별로 진열하시오.(9분)

② 반죽은 수작업으로 하여 크림법으로 제조하시오.

③ 반죽온도는 20℃를 표준으로 하시오.

④ 제시한 정형기를 사용하여 두께 0.7~0.8cm, 지름 5~6cm(정형기에 따라 가감) 정도로 정형하시오.

⑤ 제시한 2개의 팬에 전량 성형하시오.(단, 시험장 팬의 크기에 따라 감독위원이 별도로 지정할 수 있다.)

⑥ 달걀노른자 칠을 하여 무늬를 만드시오.

● 달걀은 총 7개를 사용하며, 달걀 크기에 따라 감독위원이 가감하여 지정할 수 있다.

① 배합표 반죽용 4개(달걀 1개+노른자용 달걀 3개)

② 달걀 노른자 칠용 달걀 3개

재료명	비율(%)	무게(g)	재료명	비율(%)	무게(g)
박력분(Soft flour)	100	500	달걀(Egg)	10	50
마가린(Margarine)	33	165(166)	노른자(Egg yolk)	10	50
쇼트닝(Shortening)	33	165(166)	바닐라향(Vanilla powder)	0.5	2.5(2)
설탕(Sugar)	35	175(176)	계	227.5	1,137.5 (1,142)
소금(Salt)	1	5(6)			
물엿(Corn syrup)	5	25(26)			

만드는 법

1. 재료 계량을 정확하게 한다.

2. 볼에 버터를 넣고 거품기로 부드럽게 풀어준 다음 설탕과 소금을 넣고 푼다.

3. 달걀을 조금씩 넣어 크림화한다. (너무 부드럽게 크림화하면 반죽이 질어져 작업하기가 힘들어진다.)

4. 체질한 가루재료를 주걱을 세워 긁듯이 가볍게 섞는다. (글루텐이 형성되지 않도록 주의)

5. 비닐에 반죽을 섞어 밀대로 밀어 냉장휴지를 시킨다. (20분 정도)

6. 휴지가 끝난 반죽은 살짝 치대어 밀대로 0.7~0.8cm두께로 일정하게 밀어편다.

7. 쿠키커터에 밀가루를 묻혀 찍어 패닝하고 붓으로 노른자를 바른 후 포크로 무늬를 낸다.

8. 윗불 200℃ 아랫불 170℃에서 10~15분 정도 굽는다.

Memo

● 짜는 형태의 쿠키보다 크림화를 덜 시킨다. (설탕입자가 완전히 녹지 않게 한다.)

● 여러 번 밀어 펼수록 글루텐이 형성되므로 남은 반죽을 최소화하여 성형한다.

 시험시간
1시간 50분 | 마드레느

요구사항 다음 요구사항대로 마드레느를 제조하여 제출하시오.

① 배합표의 각 재료를 계량하여 재료별로 진열하시오.(7분)

② 마드레느는 수작업으로 하시오.

③ 버터를 녹여서 넣는 1단계(변형) 반죽법을 사용하시오.

④ 반죽온도는 24℃를 표준으로 하시오.

⑤ 실온에서 휴지를 시키시오.

⑥ 제시된 팬에 알맞은 반죽양을 넣으시오.

⑦ 반죽은 전량을 사용하여 성형하시오.

재료명	비율(%)	무게(g)
박력분(Soft flour)	100	400
설탕(Sugar)	100	400
소금(Salt)	0.5	2
달걀(Egg)	100	400
레몬 껍질(Lemon zest)	1	4
베이킹파우더(Baking powder)	2	8
버터(Butter)	100	400
계	403.5	1,614

만드는 법

1. 재료 계량을 정확하게 한다.

2. 강판이나 칼을 이용하여 레몬껍질을 다져 준비한다.

3. 설탕과 소금을 거품기로 혼합한 후 체질한 가루재료(박력분, 베이킹파우더)를 가볍게 섞는다.

4. 버터는 중탕하여 준비한다.

5. 풀어놓은 달걀을 거품이 생기지 않게 혼합하고 미리 중탕한 버터를 섞는다.

6. 레몬껍질까지 섞은 후 비닐을 덮어 실온에서 15~20분 정도 휴지한다.

7. 휴지하는 동안 팬에 붓으로 버터칠을 하여 준비한다.

8. 짜주머니에 원형깍지를 끼워 휴지가 끝난 반죽을 담아 팬에 80% 정도 짠다.

9. 윗불 190℃ 아랫불 160℃에 5~10분 정도 굽는다.

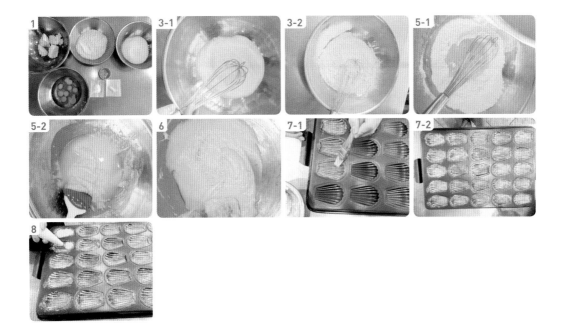

 Memo

- 반죽 시 오버믹싱이 되지 않도록 유의한다. (공기포집 최소)
- 반죽은 실온에서 휴지하되, 작업실 온도에 따라 휴지시간을 달리 한다.

 시험시간
1시간 50분 | # 다쿠와즈

요구사항 다음 요구사항대로 다쿠와즈를 제조하여 제출하시오.

① 배합표의 각 재료를 계량하여 재료별로 진열하시오.(5분)

② 머랭을 사용하는 반죽을 만드시오.

③ 표피가 갈라지는 다쿠와즈를 만드시오.

④ 다쿠와즈 2개를 크림으로 샌드하여 1조의 제품으로 완성하시오.

⑤ 반죽은 전량을 사용하여 성형하시오.

재료명	비율(%)	무게(g)
달걀흰자(Egg white)	130	325(326)
설탕(Sugar)	40	100
분당(Sugar powder)	66	165(166)
아몬드분말(Almond powder)	80	200
박력분(Soft flour)	20	50
계	336	840(842)

재료명	비율(%)	무게(g)
버터크림(Butter cream) 샌드용	90	225(226)

※ 충전용 재료는 계량시간에서 제외

만드는 법

1. 재료 계량을 정확하게 계량한다.

2. 흰자를 60% 기포 낸 후 설탕을 투입한다.

3. 머랭의 상태가 90% 이상 될 때까지 휘핑한다.

4. 머랭에 체질한 박력분, 아몬드분말, 분당을 두 번에 나눠 섞는다.

5. 짜주머니에 원형깍지를 끼우고 반죽을 담아 준비한다.

6. 평철판에 실리콘페이퍼를 깔고 다쿠와즈틀을 올려 놓아 반죽을 짠 다음 스크래퍼를 이용하여 표면을 정리한다.

7. 다쿠와즈 틀을 수직으로 들어올려 제거 해 준 후 분당을 뿌린다. (뭉침에 주의)

8. 불 200℃ 아랫불 170℃에 10~15분 정도 구운 다음 크림을 짜서 2개씩 붙여 샌드한다.

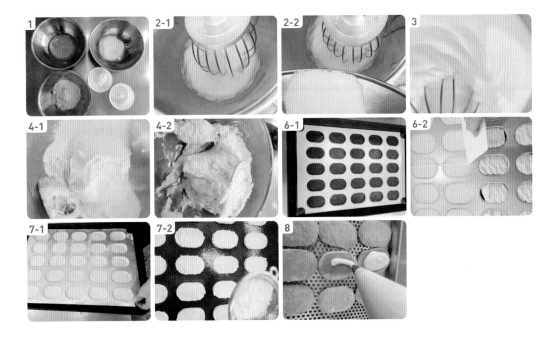

 Memo

● 머랭이 조금 남을 정도로 혼합한다.

● 분당이 뭉치지 않도록 주의하여 뿌린다. (표면 색상이 안 남)

반죽형 케이크류

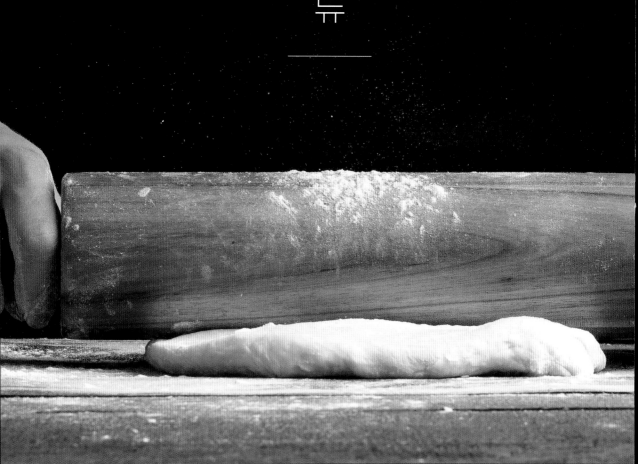

학습내용	평가항목	성취수준		
		상	중	하
배합표 점검	작업지시서에 따라 배합표를 점검할 수 있다.			
재료계량	제품별 배합표에 따라 재료를 준비할 수 있다.			
	제품별 배합표에 따라 재료를 계량할 수 있다.			
	제품별 배합표에 따라 정확한 계량여부를 확인할 수 있다.			
반죽형 반죽	반죽형 반죽 제조 시 제품별로 배합표에 따라 재료를 확인할 수 있다.			
	반죽형 반죽 제조 시 재료의 특성에 따라 전처리를 할 수 있다.			
	반죽형 반죽 제조 시 작업지시서에 따라 해당제품의 반죽을 할 수 있다.			
	반죽형 반죽 제조 시 작업지시서에 따라 반죽온도, 재료온도,비중 등을 관리할 수 있다.			
케이크류 정형	케이크류 정형 시 제품에 필요한 팬을 준비할 수 있다.			
	케이크류 정형 시 작업 지시서에 따라 반죽을 분할, 패닝할 수 있다.			
	케이크류 정형 시 작업지시서에 따른 정정여부를 확인할 수 있다.			
케이크류 제품 반죽 굽기	제품의 특성에 따라 오븐의 종류를 선택할 수 있다.			
	제품의 특성에 따라 오븐온도, 시간, 습도 등을 설정할 수 있다.			
	제품의 특성에 따라 오븐온도, 시간, 습도 등에 대한 굽기 관리를 할 수 있다.			
	굽기 완료 시 제품의 특성에 따라 적합하게 구워진 상태를 확인할 수 있다.			

학습자 **결과물**

파운드케이크

요구사항 다음 요구사항대로 파운드케이크를 제조하여 제출하시오.

① 배합표의 각 재료를 계량하여 재료별로 진열하시오.(9분)

② 반죽은 크림법으로 제조하시오.

③ 반죽온도는 23℃를 표준으로 하시오.

④ 반죽의 비중을 측정하시오.

⑤ 윗면을 터뜨리는 제품을 만드시오.

⑥ 반죽은 전량을 사용하여 성형하시오.

재료명	비율(%)	무게(g)	재료명	비율(%)	무게(g)
박력분(Soft flour)	100	800	바닐라향(Vanilla powder)	0.5	4
설탕(Sugar)	80	640	베이킹파우더(Baking powder)	2	16
버터(Butter)	80	640	달걀(Egg)	80	640
소금(Salt)	1	8	계	347.5	2,780
유화제(Emulsifier)	2	16			
탈지분유(Dry milk)	2	16			

만드는 법

1. 재료 계량을 정확하게 한다.

2. 버터가 부드러워질 때까지 믹싱기에 고속으로 풀어 준다.

3. 설탕, 소금, 유화제를 넣어 크림화한 다음, 달걀을 조금씩 넣어 부드러운 크림을 만든다.

4. 체질한 가루재료(박력분, 탈지분유, 베이킹파우더, 바닐라향)를 넣고 믹싱볼 바닥에 가라앉지 않게 섞어 비중(0.8±0.05)을 맞춘다.

5. 짜주머니에 깍지를 끼우지 않고 반죽을 담아 640~650g씩 짠 다음, 매끈하게 주걱으로 정리한다. (이때 가운데는 낮고 양끝은 높게 한다.)

6. 윗불 220℃ 아랫불 180℃에 10~13분 정도 구운 후 꺼내어 가운데 칼집을 낸다.

7. 식빵팬 2개를 가운데 기둥으로 삼고 팬 1개를 덮어 윗불 180℃ 아랫불 170℃에서 25~30분 정도 굽는다.

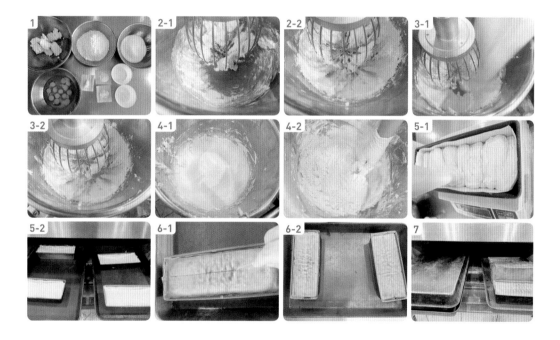

Memo

● 가루재료를 혼합할 때 과도하게 섞으면 비중이 높아지므로 가볍게 혼합한다.

● 패닝 시 양끝에 각이 지도록 주의한다.

● 뚜껑을 덮을 때 식빵 팬을 겹쳐 기둥을 삼아 철판으로 뚜껑을 덮는다.

 시험시간
2시간 30분 | # 과일케이크

요구사항 다음 요구사항대로 과일케이크를 제조하여 제출하시오.

① 배합표의 각 재료를 계량하여 재료별로 진열하시오.(13분)

② 반죽은 별립법으로 제조하시오.

③ 반죽온도는 23℃를 표준으로 하시오.

④ 제시한 팬에 알맞도록 분할하시오.

⑤ 반죽은 전량을 사용하여 성형하시오.

재료명	비율(%)	무게(g)
박력분(Soft flour)	100	500
설탕(Sugar)	90	450
마가린(Margarine)	55	275(276)
달걀(Egg)	100	500
우유(Milk)	18	90
베이킹파우더(Baking powder)	1	5(4)
소금(Salt)	1.5	7.5(8)
건포도(Raisin)	15	75(76)

재료명	비율(%)	무게(g)
체리(Cherry)	30	150
호두분태(Walnut shelled)	20	100
오렌지 필(Orange peel)	13	65(66)
럼주(Rum)	16	80
바닐라(Vanilla)	0.4	2
계	459.9	2,299.5 (2,300~2,302)

만드는 법

1. 재료 계량을 정확하게 한다.

2. 호두는 예열된 오븐에 구워서 준비하고 체리는 작게 자르고, 건포도는 럼주에 담근 다음 작게 자른 체리, 오렌지필과 함께 섞어둔다.

3. 달걀은 흰자와 노른자로 분리하고 설탕은 크림용 설탕과 머랭용 설탕으로 나눠 준비한다.

4. 마가린을 부드럽게 풀어 준 다음 크림용 설탕과 소금을 넣고 부드럽게 크림화한다.

5. 노른자를 조금씩 넣어 가며 부드러운 크림을 만든다.

6. 흰자는 60% 젖은 피크상태일 때 머랭용 설탕을 넣고 90% 머랭으로 올려준다.

7. 크림화한 반죽에 완성된 머랭의 1/3을 가볍게 섞어주고 체질한 가루재료(박력분, 베이킹파우더, 바닐라향)를 넣고 가볍게 섞는다.

8. 전처리한 과일에 박력분을 약간 섞어서 붓고 가볍게 섞은 다음, 우유를 붓는다.

9. 나머지 머랭을 섞어 반죽을 완성한다. (과일이 가라앉지 않게 주의하여 살살 섞는다.)

10. 팬에 고르게 패닝한 후 가운데를 낮게 주걱으로 정리하여 윗불 170℃ 아랫불 160℃에서 25~30분 구워낸다.

🧑‍🍳 **Memo**
● 과일은 전처리하여 준비한다.(호두는 살짝 굽고, 체리는 잘게 다져 오렌지필, 건포도와 함께 럼주에 버무려 둔다.)
● 과일들이 가라앉지 않도록 혼합하기 직전에 밀가루를 살짝 섞는다.

브라우니

요구사항 다음 요구사항대로 브라우니를 제조하여 제출하시오.

① 배합표의 각 재료를 계량하여 재료별로 진열하시오.(9분)

② 브라우니는 수작업으로 반죽하시오.

③ 버터와 초콜릿을 함께 녹여서 넣는 1단계 변형반죽법으로 하시오.

④ 반죽온도는 27℃로 표준으로 하시오.

⑤ 반죽은 전량을 사용하여 성형하시오.

⑥ 3호 원형 팬 2개에 패닝하시오.

⑦ 호두의 반은 반죽에 사용하고 나머지 반은 토핑하며, 반죽 속과 윗면에 골고루 분포되게 하시오.(호두는 구워서 사용)

재료명	비율(%)	무게(g)
중력분(Soft flour)	100	300
달걀(Egg)	120	360
설탕(Sugar)	130	390
소금(Salt)	2	6
버터(Butter)	50	150
다크 초콜릿(Dark chocolate) 커버추어	150	450

재료명	비율(%)	무게(g)
코코아파우더(Cocoa powder)	10	30
바닐라향(Vanilla powder)	2	6
호두분태(Walnut shelled)	50	150
계	614	1,842

만드는 법

1. 재료 계량을 정확하게 한다.

2. 초콜릿과 버터는 50℃로 중탕하여 녹여서 준비하고 호두는 구워서 전처리한다.

3. 달걀을 풀어 설탕과 소금을 넣고 거품기로 골고루 섞는다.

4. 중탕한 초콜릿과 버터를 넣고 가볍게 섞은 다음 체질한 가루재료(중력분, 코코아파우더, 바닐라향)를 주걱으로 섞는다.

5. 전처리한 호두 1/2을 넣어 패닝 후 나머지 호두는 위에 골고루 뿌린다.

6. 윗불 170℃ 아랫불 160℃에서 40~50분 정도 구워낸다.

⌂ **Memo**

- 초콜릿 중탕 온도에 유의한다. (50℃)
- 혼합할 때 호두가 뭉치지 않도록 유의한다.

초코머핀

시험시간
1시간 50분

요구사항 다음 요구사항대로 초코머핀을 제조하여 제출하시오.

① 배합표의 각 재료를 계량하여 재료별로 진열하시오.(11분)

② 반죽은 크림법으로 제조하시오.

③ 반죽온도는 24℃를 표준으로 하시오.

④ 초코칩은 제품의 내부에 골고루 분포되게 하시오.

⑤ 반죽 분할은 주어진 팬에 알맞은 양으로 반죽을 패닝하시오.

⑥ 반죽은 전량을 사용하여 성형하시오.

※ 감독위원은 시험 전 주어진 팬을 감안하여 팬의 개수를 지정하여 공지한다.

재료명	비율(%)	무게(g)	재료명	비율(%)	무게(g)
박력분(Soft flour)	100	500	코코아파우더(Cocoa powder)	12	60
설탕(Sugar)	60	300	물(Water)	35	175(174)
버터(Butter)	60	300	탈지분유(Dry milk)	6	30
달걀(Egg)	60	300	초코칩(Chocolate chip)	36	180
소금(Salt)	1	5(4)	계	372	1,860 (1,858)
베이킹소다(Baking soda)	0.4	2			
베이킹파우더(Baking powder)	1.6	8			

만드는 법

1. 재료 계량을 정확하게 한다.

2. 버터가 부드러워질 때까지 믹싱기에 고속으로 풀어 준다.

3. 설탕, 소금 넣어 크림화한 다음, 달걀을 조금씩 넣어 부드러운 크림을 만든다.

4. 부드러워진 크림에 물을 먼저 섞고 체질한 가루재료(박력분, 베이킹소다, 베이킹파우더, 코코아파우더, 탈지분유)를 섞은 다음에 초코칩을 섞어준다.

5. 깍지를 끼우지 않은 짜주머니에 반죽을 담고 70~80% 정도 짜준다.

6. 윗불 170℃ 아랫불 160℃에서 25~30분 정도 구워낸다.

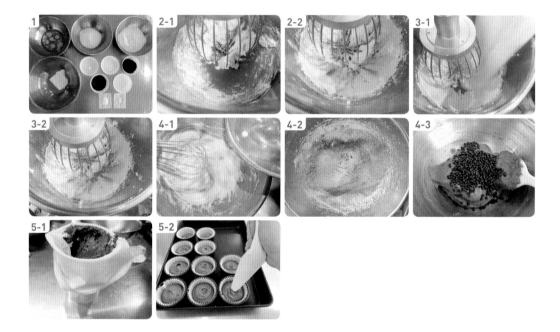

Memo

● 반죽은 충분하게 크림화하여 분리되지 않도록 한다.

● 초코칩이 가라앉지 않도록 혼합하고 짜주머니에 담을 때 반죽이 위로 올라오지 않도록 유의한다.

마데라컵케이크

요구사항 다음 요구사항대로 마데라컵케이크를 제조하여 제출하시오.

① 배합표의 각 재료를 계량하여 재료별로 진열하시오.(9분)

② 반죽은 크림법으로 제조하시오.

③ 반죽온도는 24℃를 표준으로 하시오.

④ 반죽분할은 주어진 팬에 알맞은 양을 패닝하시오.

⑤ 적포도주 퐁당을 1회 바르시오.

⑥ 반죽은 전량을 사용하여 성형하시오.

※ 감독위원은 시험 전 주어진 팬을 감안하여 팬의 개수를 지정하여 공지한다.

재료명	비율(%)	무게(g)
박력분(Soft flour)	100	400
버터(Butter)	85	340
소금(Salt)	1	4
달걀(Egg)	85	340
설탕(Sugar)	80	320
건포도(Raisin)	25	100
호두(Walnut shelled)	10	40

재료명	비율(%)	무게(g)
베이킹파우더(Baking powder)	2.5	10
적포도주(Red wine)	30	120
계	418.5	1,674

재료명	비율(%)	무게(g)
분당(Sugar powder)	20	80
적포도주(Red wine)	5	20

※ 충전용 재료는 계량시간에서 제외

만드는 법

1. 재료 계량을 정확하게 한다. (건포도는 적포도주에 담가둔다.)

2. 버터가 부드러워질 때까지 믹싱기에 고속으로 풀어준다.

3. 설탕, 소금을 넣어 크림한 다음, 달걀을 조금씩 넣어 부드러운 크림을 만들어 체질한 박력분과 베이킹파우더를 섞는다.

4. 전처리한 건포도와 호두를 섞어 깍지를 끼우지 않은 짜주머니에 반죽을 담고 머핀팬에 70~80% 정도 일정한 양으로 짜준다.

5. 윗불 170℃ 아랫불 160℃에 25~30분을 구워낸 다음, 적포도주 퐁당을 붓으로 발라 오븐에 넣고 2~3분 정도 윗면을 건조시킨 후 꺼낸다.

Memo

• 건포도를 전처리할 때는 너무 오래 담가 무거워져 바닥에 가라앉지 않게 유의한다.

• 달걀을 조금씩 투입하여 크림이 분리되지 않도록 유의한다.

거 품 형 케 이 크 류

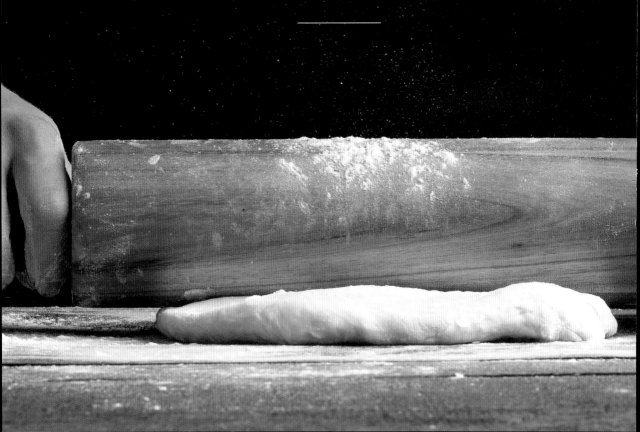

학습내용	평가항목	성취수준		
		상	중	하
배합표 점검	작업지시서에 따라 배합표를 점검할 수 있다.			
재료계량	제품별 배합표에 따라 재료를 준비할 수 있다.			
	제품별 배합표에 따라 재료를 계량할 수 있다.			
	제품별 배합표에 따라 정확한 계량여부를 확인할 수 있다.			
거품형 반죽	거품형 반죽 제조 시 제품별로 배합표에 따라 재료를 확인할 수 있다.			
	거품형 반죽 제조 시 재료의 특성에 따라 전처리를 할 수 있다.			
	거품형 반죽 제조 시 작업지시서에 따라 해당제품의 반죽을 할 수 있다.			
	거품형 반죽 제조 시 작업지시서에 따라 반죽온도, 비중 등을 확인할 수 있다.			
케이크류 정형	케이크류 정형 시 제품에 필요한 팬을 준비할 수 있다.			
	케이크류 정형 시 작업 지시서에 따라 반죽을 분할, 패닝할 수 있다.			
	케이크류 정형 시 작업지시서에 따른 정정여부를 확인할 수 있다.			
케이크류 제품 반죽 굽기	제품의 특성에 따라 오븐의 종류를 선택할 수 있다.			
	제품의 특성에 따라 오븐온도, 시간, 습도 등을 설정 할 수 있다.			
	제품의 특성에 따라 오븐온도, 시간, 습도 등에 대한 굽기 관리를 할 수 있다.			
	굽기 완료 시 제품의 특성에 따라 적합하게 구워진 상태를 확인 할 수 있다.			
케이크류 제품 반죽 찌기	제품의 특성에 따라 찜기의 종류를 선택할 수 있다.			
	제품의 특성에 따라 스팀온도, 시간, 압력 등을 설정할 수 있다.			
	제품의 특성에 따라 스팀온도, 시간, 압력 등에 대한 찌기 관리를 할 수 있다.			
	찌기 완료 시 제품의 특성에 따라 적합하게 쪄진 상태를 확인할 수 있다.			

 시험시간
1시간 50분

버터스펀지케이크 공립법

요구사항 다음 요구사항대로 버터스펀지케이크(공립법)를 제조하여 제출하시오.

① 배합표의 각 재료를 계량하여 재료별로 진열하시오.(6분)

② 반죽은 공립법으로 제조하시오.

③ 반죽온도는 25℃를 표준으로 하시오.

④ 반죽의 비중을 측정하시오.

⑤ 제시한 팬에 알맞도록 분할하시오.

⑥ 반죽은 전량을 사용하여 성형하시오.

재료명	비율(%)	무게(g)
박력분(Soft flour)	100	500
설탕(Sugar)	120	600
달걀(Egg)	180	900
소금(Salt)	1	5(4)
바닐라향(Vanilla powder)	0.5	2.5(2)
버터(Butter)	20	100
계	421.5	2,107.5(2,106)

만드는 법

1. 재료 계량을 정확하게 한다.

2. 달걀을 거품기로 가볍게 풀어 설탕을 넣고 43~50℃에서 중탕한 다음, 기계에 옮겨 고속으로 아이보리색
   이 되도록 기포를 낸다. (충분히 기포를 내어주는 것이 좋음)

3. 버터는 중탕하여 준비한다. (60℃ 전후)

4. 휘핑기를 제거했을 때 반죽의 형태가 유지되었는지 확인한 다음에 체질한 가루재료(박력분, 바닐라향)를 넣
   고 밑에서 끌어 올리며 가볍게 섞는다.

5. 중탕한 버터에 반죽을 덜어 애벌반죽을 한다. (그냥 버터만 섞을 경우 밑으로 가라앉기 쉬워 애벌반죽을 해
   서 섞는 것이 안정적임)

6. 애벌반죽을 넣고 섞는다. (빠른 작업으로 비중(0.5±0.05)이 높아지는 것에 주의한다.)

7. 비중을 확인하고 원형팬에 50~60% 정도 패닝한 다음, 작업대에 내려쳐 기포를 정리한다.

8. 윗불 170℃ 아랫불 160℃에서 25~30분 정도 구워낸다.

Memo

● 버터를 중탕할 때에는 온도(60℃)에 유의한
   다.(온도가 낮으면 버터가 굳어 섞이지 않음)

● 굽기 종료 후 오븐에서 꺼낼 때 살짝 충격을 준 후
   팬에서 분리하여 수축을 방지한다.

 시험시간
1시간 50분 | # 버터스펀지케이크 별립법

요구사항 다음 요구사항대로 버터스펀지케이크를 제조하여 제출하시오.

① 배합표의 각 재료를 계량하여 재료별로 진열하시오.(8분)

② 반죽은 별립법으로 제조하시오.

③ 반죽온도는 23℃를 표준으로 하시오.

④ 반죽의 비중을 측정하시오.

⑤ 제시한 팬에 알맞도록 분할하시오.

⑥ 반죽은 전량을 사용하여 성형하시오.

재료명	비율(%)	무게(g)
박력분(Soft flour)	100	600
설탕(Sugar)(A)	60	360
설탕(Sugar)(B)	60	360
달걀(Egg)	150	900
소금(Salt)	1.5	9(8)
베이킹파우더(Baking powder)	1	6

재료명	비율(%)	무게(g)
바닐라향(Vanilla powder)	0.5	3(2)
용해버터(Melt butter)	25	150
계	398	2,388 (2,386)

만드는 법

1. 재료 계량을 정확하게 한 다음, 흰자와 노른자를 분리한다. (흰자에 노른자가 섞이지 않도록 주의)
2. 노른자를 거품기로 풀어준 후 설탕A, 소금을 넣고 아이보리색이 될 때까지 휘핑한다.
3. 버터는 중탕하여 준비한다. (60℃)
4. 흰자는 60% 젖은 피크상태일 때 머랭용 설탕을 넣고 90% 머랭이 되도록 올려준다.
5. 노른자 반죽에 완성된 머랭의 1/3을 가볍게 섞어주고 체질한 가루재료(박력분, 베이킹파우더)를 넣고 가볍게 섞는다.
6. 나머지 머랭을 넣어 완전하게 섞는다.
7. 중탕한 버터에 반죽을 덜어 애벌반죽을 한다.
8. 애벌반죽을 넣고 섞는다. 빠른 작업으로 비중(0.5±0.05)이 높아지는 것에 주의한다.
9. 비중을 확인하고 원형팬에 50~60% 정도 패닝한 다음, 작업대에 내려쳐 기포를 정리한다.
10. 윗불 170℃ 아랫불 160℃에서 25~30분 정도 구워낸다.

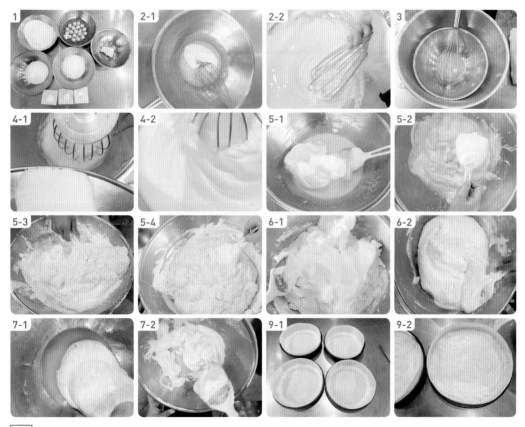

✎ **Memo**

- 버터를 중탕할 때에는 온도(60℃)에 유의한다.
- 흰자와 노른자를 분리할 때에는 흰자에 노른자가 섞이지 않도록 유의 한다. (흰자 머랭용 그릇에 노른자, 물, 유지 등이 있으면 머랭이 만들어지지 않는다.)

 시험시간
1시간 40분 | # 시퐁케이크 시퐁법

요구사항 다음 요구사항대로 시퐁케이크를 제조하여 제출하시오.

① 배합표의 각 재료를 계량하여 재료별로 진열하시오.(8분)
② 반죽은 시퐁법으로 제조하고 비중을 측정하시오.
③ 반죽온도는 23℃를 표준으로 하시오.
④ 시퐁 팬을 사용하여 반죽을 분할하고 구우시오.
⑤ 반죽은 전량을 사용하여 성형하시오.

재료명	비율(%)	무게(g)
박력분(Soft flour)	100	400
설탕(Sugar)(A)	65	260
설탕(Sugar)(B)	65	260
달걀(Egg)	150	600
소금(Salt)	1.5	6
베이킹파우더(Baking powder)	2.5	10
식용유(Oil)	40	160
물(Water)	30	120
계	454	1,816

만드는 법

1. 재료 계량을 정확하게 한 다음, 흰자와 노른자를 분리한다. (흰자에 노른자가 섞이지 않도록 주의)

2. 노른자를 풀고 설탕, 소금을 가볍게 섞은 다음, 물을 넣어 설탕이 녹을 때까지 섞어준다.

3. 식용유를 혼합하고 체질한 가루재료(박력분, 베이킹파우더)를 넣고 섞는다.

4. 시퐁팬에 분무기로 물을 골고루 뿌린 다음 엎어 놓는다.

5. 흰자는 60% 젖은 피크상태일 때 머랭용 설탕을 넣고 90% 머랭이 되도록 올려준다.

6. 머랭을 두 번에 나누어 잘 혼합한 다음, 깍지를 끼우지 않은 짜주머니에 반죽을 채워 시퐁팬에 무게를 달아 짠다.

7. 젓가락을 이용해 기포를 정리하고 윗불 170℃ 아랫불 160℃에 25~30분 구워준 다음 뒤집어 식힌다.

8. 행주를 덮어 물을 뿌려가며 식히고, 가장자리를 손으로 눌러 제품을 분리한다.

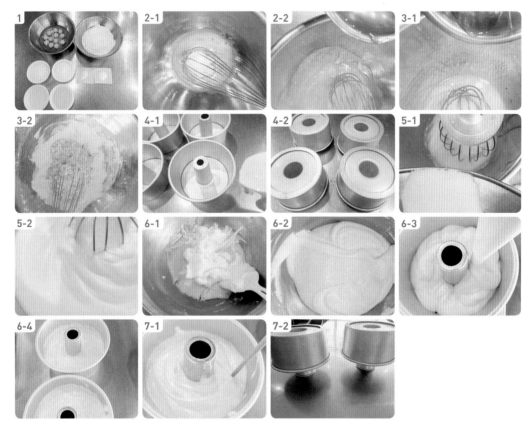

👨‍🍳 **Memo**

- 시퐁팬의 이형제로 물을 이용한다. (분무기 사용)
- 노른자에 재료를 섞을 때 거품이 생기지 않도록 주의한다.
- 오븐에서 꺼내자마자 뒤집어서 냉각한다. (윗면 수축방지)

 시험시간
1시간 30분 | # 젤리롤케이크

요구사항 다음 요구사항대로 젤리롤케이크를 제조하여 제출하시오.

① 배합표의 각 재료를 계량하여 재료별로 진열하시오.(8분)

② 반죽은 공립법으로 제조하시오.

③ 반죽온도는 23℃를 표준으로 하시오.

④ 반죽의 비중을 측정하시오.

⑤ 제시한 팬에 알맞도록 분할하시오.

⑥ 반죽은 전량을 사용하여 성형하시오.

⑦ 캐러멜 색소를 이용하여 무늬를 완성하시오.(무늬를 완성하지 않으면 제품 껍질 평가 0점 처리)

재료명	비율(%)	무게(g)
박력분(Soft flour)	100	400
설탕(Sugar)	130	520
달걀(Egg)	170	680
소금(Salt)	2	8
물엿(Corn syrup)	8	32
베이킹파우더(Baking powder)	0.5	2

재료명	비율(%)	무게(g)
우유(Milk)	20	80
바닐라향(Vanilla powder)	1	4
계	431.5	1,726

재료명	비율(%)	무게(g)
잼(Jam)	50	200

※ 충전용 재료는 계량시간에서 제외

만드는 법

1. 재료를 정확하게 계량한다.

2. 달걀을 거품기로 가볍게 풀고 설탕, 소금, 물엿을 넣고 혼합하여 43~50℃로 중탕한 다음, 기계에 옮겨 고속으로 아이보리색이 되도록 기포를 낸다.

3. 체질한 가루재료(박력분, 베이킹파우더, 바닐라향)를 넣고 밑에서 끌어 올리며 가볍게 섞는다.

4. 반죽을 우유에 덜어 애벌반죽하여 본반죽과 함께 섞는다. 그냥 우유를 섞는 것보다 애벌반죽하여 섞는 것이 골고루 섞이므로 액체재료는 애벌반죽을 하는 것이 좋다.

5. 평철판에 종이를 깔고 반죽을 부은 다음, 스크래퍼로 윗면을 고르게 편다.

6. 비중(0.45±0.05)을 측정한 반죽을 남겨 뒀다가 캐러멜 색소를 섞어 무늬 반죽을 만들어 롤케이크에 무늬를 낸다.

7. 윗불 170℃ 아랫불 160℃에서 20~25분 정도 구워낸 다음 살짝 식혀 잼을 바르고 유연하게 말릴 수 있도록 시작점에 주걱으로 자국을 낸다.

8. 밀대를 이용하여 시작 부분을 누르고 면포로 말아서 잠시 고정해 둔 다음, 면포를 제거한다.

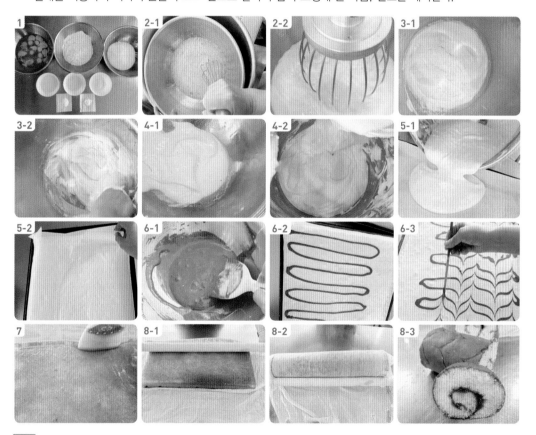

Memo

- 롤을 말 때 너무 뜨겁거나 너무 차갑게 식히지 않도록 유의한다.
- 온도가 높으면 부피가 작고 축축하며 너무 식힌 다음 말 경우 **표면이 갈라질 수 있다.**

시험시간
1시간 50분

초코롤케이크

요구사항 다음 요구사항대로 초코롤케이크를 제조하여 제출하시오.

① 배합표의 각 재료를 계량하여 재료별로 진열하시오.(7분)

② 반죽은 공립법으로 제조하시오.

③ 반죽온도는 24℃를 표준으로 하시오.

④ 반죽의 비중을 측정하시오.

⑤ 제시한 철판에 알맞도록 패닝하시오.

⑥ 반죽은 전량을 사용하시오.

⑦ 충전용 재료는 가나슈를 만들어 제품에 전량 사용하시오.

⑧ 시트를 구운 윗면에 가나슈를 바르고, 원형이 잘 유지되도록 말아 제품을 완성하시오.(반대방향으로 롤을 말면 성형 및 제품평가 해당 항목 감점)

재료명	비율(%)	무게(g)
박력분(Soft flour)	100	168
달걀(Egg)	285	480
설탕(Sugar)	128	216
코코아파우더(Cocoa powder)	21	36
베이킹소다(Baking soda)	1	2
물(Water)	7	12

재료명	비율(%)	무게(g)
우유(Milk)	17	30
계	559	944

재료명	비율(%)	무게(g)
다크 커버추어(Dark coverture)	119	200
생크림(Fresh cream)	119	200
럼(Rum)	12	20

※ 충전용 재료는 계량시간에서 제외

만드는 법

1. 재료를 정확하게 계량한다.

2. 달걀을 거품기로 가볍게 풀고 설탕을 넣어 43~50℃가 되도록 중탕한 다음, 기계에 옮겨 고속으로 아이보리색이 되도록 기포를 낸다.

3. 미리 여러 번 체질한 가루재료(박력분, 코코아가루, 베이킹소다)를 넣고 가볍게 아래부터 섞은 다음, 우유는 애벌 반죽하여 섞어준다.(코코아 파우더의 뭉침 방지)

4. 혼합한 반죽은 윗불 170℃ 아랫불 160℃에서 15분 내외로 굽는다.

5. 생크림을 80℃까지 데우고 불에서 내려 초콜릿을 넣고 충분히 녹인 다음, 럼주를 넣고 혼합하여 가나슈를 만든다.

6. 롤케이크 겉면이 위로 오도록 한 후 가나슈를 골고루 펴 발라 말아주고 고정한다.

📖 **Memo**

- 가루재료는 체질을 미리 여러 번 해 둔다. (코코아가루 뭉침 방지)
- 제품 터짐에 유의하여 믹싱과 굽는 온도에 주의한다.

흑미롤케이크

요구사항 다음 요구사항대로 흑미롤케이크를 제조하여 제출하시오.

① 배합표의 각 재료를 계량하여 재료별로 진열하시오.(7분)

② 반죽은 공립법으로 제조하시오.

③ 반죽온도는 25℃를 표준으로 하시오.

④ 반죽의 비중을 측정하시오.

⑤ 제시한 팬에 알맞도록 분할하시오.

⑥ 반죽은 전량을 사용하시오.(시트의 밑면이 윗면이 되게 정형하시오.)

재료명	비율(%)	무게(g)
박력쌀가루(Soft rice flour)	80	240
흑미쌀가루(Black rice flour)	20	60
설탕(Sugar)	100	300
달걀(Egg)	155	465
소금(Salt)	0.8	2.4(2)
베이킹파우더(Baking powder)	0.8	2.4(2)

재료명	비율(%)	무게(g)
우유(Milk)	60	180
계	416.6	1,249.8 (1,249)

재료명	비율(%)	무게(g)
생크림(Fresh cream)	60	150

※ 충전용 재료는 계량시간에서 제외

만드는 법

1. 재료를 정확하게 계량한다.

2. 달걀을 거품기로 가볍게 풀고 설탕, 소금과 함께 43~50℃가 되도록 중탕한 다음, 기계에 옮겨 고속으로 아이보리색이 되도록 기포를 낸다.

3. 체질한 가루재료(박력분, 흑미쌀가루, 박력쌀가루, 베이킹파우더)를 가볍게 혼합한 다음, 우유는 애벌 반죽하여 혼합하고 비중(0.45±0.05)을 맞춘다.

4. 재단한 종이가 깔린 팬에 반죽을 부어 고르게 펼친 다음, 윗불 170℃ 아랫불 160℃에서 15~20분 정도 굽는다.

5. 구워 식힐 동안에 거품기를 이용하여 생크림을 휘핑하고 껍질이 위로 오도록 하여 생크림을 골고루 펴 바른 다음, 말아서 고정한다.

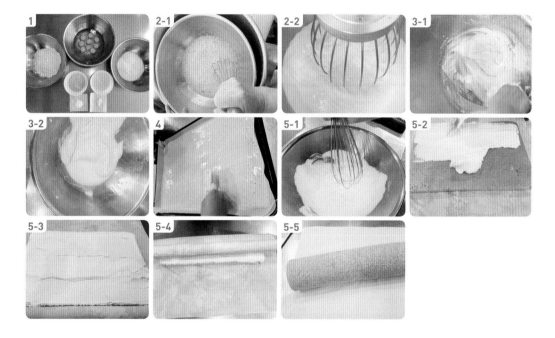

Memo

- 생크림을 충전하는 제품으로 생크림이 흘러내리거나 밀림 방지를 위하여 단단하게 휘핑한다.
- 오버베이킹이 되지 않도록 유의하여 굽고, 구운 직후 충분하게 식힌다.

시험시간
1시간 50분

소프트롤케이크

요구사항 다음 요구사항대로 소프트롤케이크를 제조하여 제출하시오.

① 배합표의 각 재료를 계량하여 재료별로 진열하시오.(10분)

② 반죽은 별립법으로 제조하시오.

③ 반죽온도는 22℃를 표준으로 하시오.

④ 반죽의 비중을 측정하시오.

⑤ 제시한 팬에 알맞도록 분할하시오.

⑥ 반죽은 전량을 사용하여 성형하시오.

⑦ 캐러멜 색소를 이용하여 무늬를 완성하시오.(무늬를 완성하지 않으면 제품 껍질 평가 0점 처리)

재료명	비율(%)	무게(g)
박력분(Soft flour)	100	250
설탕(Sugar)(A)	70	175(176)
물엿(Corn syrup)	10	25(26)
소금(Salt)	1	2.5(2)
물(Water)	20	50
바닐라향(Vanilla powder)	1	2.5(2)
설탕(Sugar)(B)	60	150

재료명	비율(%)	무게(g)
달걀(Egg)	280	700
베이킹파우더(Baking powder)	1	2.5(2)
식용유(Oil)	50	125(126)
계	593	1,482.5 (1,484)

재료명	비율(%)	무게(g)
잼(Jam)	80	200

※ 충전용 재료는 계량시간에서 제외

만드는 법

1. 재료 계량을 정확하게 하고 흰자와 노른자를 분리한다. (흰자에 노른자가 섞이지 않도록 주의)

2. 노른자를 거품기로 풀고 설탕A, 소금, 물엿을 넣어 아이보리색이 될 때까지 휘핑한 다음, 물을 섞는다.

3. 흰자는 60% 젖은 피크상태일 때 머랭용 설탕을 넣고 90% 머랭이 되도록 올려준다.

4. 노른자 반죽에 완성된 머랭의 1/3을 가볍게 섞어 체질한 가루재료(박력분, 베이킹파우더)를 넣고 가볍게 섞는다.

5. 나머지 머랭을 넣어 완전하게 섞는다.

6. 식용유에 반죽을 덜어 애벌 반죽을 한 다음, 본 반죽과 함께 혼합한다.

7. 평철판에 종이를 깔고 반죽을 부어준 후 스크래퍼로 윗면을 고르게 편 다음, 윗불 170℃ 아랫불 160℃에서 25~30분 정도 굽는다.

8. 비중(0.45±0.05)을 측정한 반죽을 남겨 뒀다가 캐러멜 색소를 섞어 무늬 반죽을 만들어 주머니에 담아 롤케이크에 무늬를 낸다.

9. 롤을 뒤집어 엎어 약간 식히고 잼을 발라 면포를 이용하여 말아서 잠시 고정해 뒀다가 면포를 제거한다.

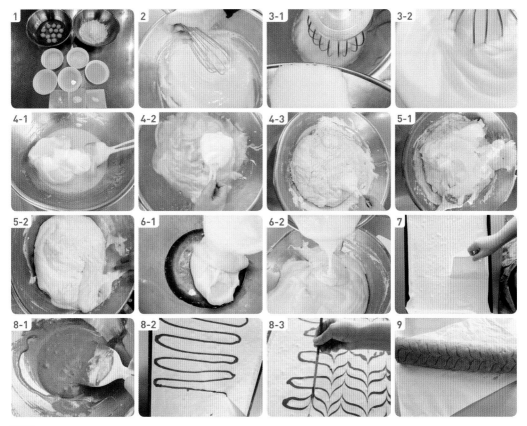

🧑‍🍳 **Memo**

● 롤을 말 때 시작 부분을 단단하게 잘 말아 밀대로 고정해 두어 풀리지 않도록 유의한다.

● 오버베이킹이 되지 않도록 유의하여 굽고, 구운 직후 살짝 식힌 다음 말아 준다.

시험시간
2시간 30분

치즈케이크

요구사항 다음 요구사항대로 치즈케이크를 제조하여 제출하시오.

① 배합표의 각 재료를 계량하여 재료별로 진열하시오.(9분)

② 반죽은 별립법으로 제조하시오.

③ 반죽온도는 20℃를 표준으로 하시오.

④ 반죽의 비중을 측정하시오.

⑤ 제시한 팬에 알맞도록 분할하시오.

⑥ 굽기는 중탕으로 하시오.

⑦ 반죽은 전량을 사용하시오.

※ 감독위원은 시험 전 주어진 팬을 감안하여 팬의 개수를 지정하여 공지한다.

재료명	비율(%)	무게(g)	재료명	비율(%)	무게(g)
중력분(Soft flour)	100	80	럼주(Rum)	12.5	10
버터(Butter)	100	80	레몬주스(Lemon juice)	25	20
설탕(Sugar)(A)	100	80	계	1,400	1,120
설탕(Sugar)(B)	100	80			
달걀(Egg)	300	240			
크림치즈(Cream cheese)	500	400			
우유(Milk)	162.5	130			

만드는 법

1. 재료 계량을 정확하게 하고 흰자와 노른자를 분리한 다음, 팬에 버터를 바르고 설탕을 묻혀 준비해 둔다.

2. 크림치즈를 부드럽게 풀고 버터를 넣어 덩어리가 없어질 때까지 휘핑한다.

3. 설탕, 노른자 순으로 가볍게 섞고 우유와 럼주, 레몬주스, 중력분 순서로 섞는다.

4. 흰자를 거품기로 80% 머랭이 되도록 휘핑한다. 이때 설탕을 조금씩 나눠 투입한다.

5. 머랭을 두 번에 나누어 주걱으로 가볍게 혼합한다.

6. 비중을 맞추고 깍지를 끼우지 않은 짜주머니에 반죽을 넣은 다음, 팬에 80% 정도로 골고루 짠다.

7. 치즈케이크 반죽을 담은 평철판에 물을 팬의 1/3정도 부어 윗불 160℃ 아랫불 150℃에서 40~50분 중탕으로 굽는다.

8. 구워낸 치즈케이크는 거꾸로 엎어서 팬에서 분리한다.

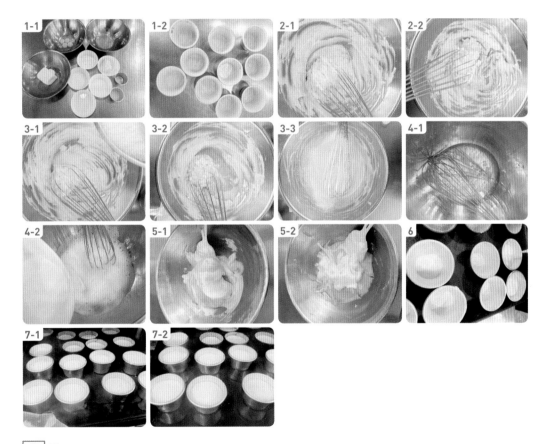

Memo

- 굽는 도중 오븐 문을 살짝 열어 수증기를 날려 제품 윗면이 갑자기 가라앉는 것을 방지한다. (오븐 장갑을 문에 끼워 약간 열린 채 구워도 무방함)

학습내용	평가항목	성취수준		
		상	중	하
재료계량	작업지시서에 따라 배합표를 점검할 수 있다.			
	제품별 배합표에 따라 재료를 준비할 수 있다.			
	제품별 배합표에 따라 재료를 계량할 수 있다.			
	제품별 배합표에 따라 정확한 계량여부를 확인할 수 있다.			
다양한 반죽	다양한 제품 반죽 제조 시 제품별로 배합표에 따라 재료를 확인할 수 있다.			
	다양한 제품 반죽 제조 시 작업지시서에 따라 전처리를 할 수 있다.			
	다양한 제품 반죽 제조 시 작업지시서에 따라 반죽을 할 수 있다.			
	다양한 제품 반죽 제조 시 작업지시서의 규격에 따른 해당제품 반죽의 품질을 점검할 수 있다.			
다양한 정형	다양한 제품 정형 시 작업지시서에 따라 정형에 필요한 기구, 설비를 준비할 수 있다.			
	다양한 제품 정형 시 제품의 특성에 따라 분할하여 성형, 패닝할 수 있다.			
	다양한 제품 정형 시 작업 지시서의 규격 여부에 따라 정형 결과를 확인할 수 있다.			
부속물 제조	부속물 제조 시 작업 지시서에 따라 재료를 확인할 수 있다.			
	부속물 제조 시 재료의 특성에 따라 전처리를 할 수 있다.			
	부속물 제조 시 작업지시서에 따라 해당 제품의 부속물을 만들 수 있다.			
	부속물 제조 시 작업 지시서에 따라 해당 제품의 부속물을 관리할 수 있다.			
과자류 제품 반죽 굽기	제품의 특성에 따라 오븐의 종류를 선택할 수 있다.			
	제품의 특성에 따라 오븐온도, 시간, 습도 등을 설정할 수 있다.			
	제품의 특성에 따라 오븐온도, 시간, 습도 등에 대한 굽기 관리를 할 수 있다.			
	굽기 완료 시 제품의 특성에 따라 적합하게 구워진 상태를 확인할 수 있다.			

 시험시간 2시간 | 슈

요구사항 다음 요구사항대로 슈를 제조하여 제출하시오.

① 배합표의 각 재료를 계량하여 재료별로 진열하시오.(5분)

② 껍질 반죽은 수작업으로 하시오.

③ 반죽은 직경 3cm 전후의 원형으로 짜시오.

④ 커스터드 크림을 껍질에 넣어 제품을 완성하시오.

⑤ 반죽은 전량을 사용하여 성형하시오.

재료명	비율(%)	무게(g)
중력분(Soft flour)	100	200
물(Water)	125	250
버터(Butter)	100	200
소금(Salt)	1	2
달걀(Egg)	200	400
계	526	1,052

재료명	비율(%)	무게(g)
커스터드 크림(Custard cream)	500	1,000

※ 충전용 재료는 계량시간에서 제외

1. 재료를 정확하게 계량한다.

2. 물, 버터, 소금을 넣고 끓인 다음, 불을 끄고 중력분을 섞는다.

3. 다시 불을 켜서 충분히 호화시킨다.

4. 달걀을 조금씩 나누어 섞어 반죽에 윤기가 나면서 점성이 생길 때까지 혼합한다.

5. 원형깍지를 끼운 짜주머니에 반죽을 담고 3cm 정도의 원형으로 일정하게 짜주고 스프레이를 이용하여 물을 충분하게 분사하여 준다.

6. 윗불 190℃ 아랫불 200℃에서 10분 굽고 아랫불을 180℃로 낮춰서 10~15분간 더 구워준다.

7. 충분히 식으면 나무 젓가락으로 구멍을 낸 다음, 충전용 크림을 채워준다.

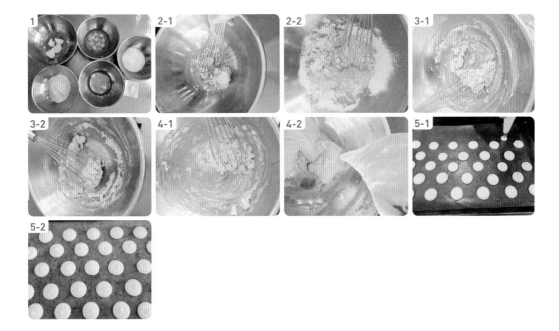

Memo

● 굽는 초기, 팽창 중에 오븐 문을 열면 제품이 가라앉으므로 뼈대가 형성되기 전에 오븐 문을 열지 않도록 유의한다.

● 굽기 초기단계에서는 아랫불 온도를 높게 설정하고 색이 나기 시작하면 아랫불 온도를 낮춰 구워야 팽창이 잘된다.

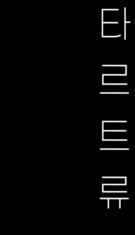

타
르
트
류

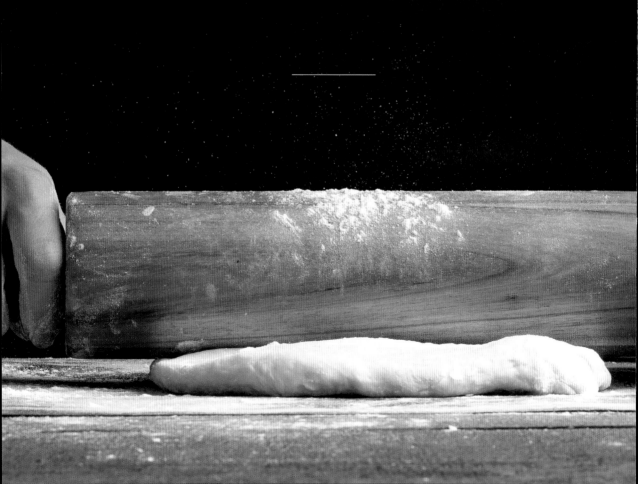

학습내용	평가항목	성취수준		
		상	중	하
재료계량	작업지시서에 따라 배합표를 점검할 수 있다.			
	제품별 배합표에 따라 재료를 준비할 수 있다.			
	제품별 배합표에 따라 재료를 계량할 수 있다.			
	제품별 배합표에 따라 정확한 계량여부를 확인할 수 있다.			
다양한 반죽	다양한 제품 반죽 제조 시 제품별로 배합표에 따라 재료를 확인할 수 있다.			
	다양한 제품 반죽 제조 시 작업지시서에 따라 전처리를 할 수 있다.			
	다양한 제품 반죽 제조 시 작업지시서에 따라 반죽을 할 수 있다.			
	다양한 제품 반죽 제조 시 작업지시서의 규격에 따른 해당제품 반죽의 품질을 점검할 수 있다.			
다양한 정형	다양한 제품 정형 시 작업지시서에 따라 정형에 필요한 기구, 설비를 준비할 수 있다.			
	다양한 제품 정형 시 제품의 특성에 따라 분할하여 성형, 패닝할 수 있다.			
	다양한 제품 정형 시 작업 지시서의 규격 여부에 따라 정형 결과를 확인할 수 있다.			
부속물 제조	부속물 제조 시 작업 지시서에 따라 재료를 확인할 수 있다.			
	부속물 제조 시 재료의 특성에 따라 전처리를 할 수 있다.			
	부속물 제조 시 작업지시서에 따라 해당 제품의 부속물을 만들 수 있다.			
	부속물 제조 시 작업 지시서에 따라 해당 제품의 부속물을 관리할 수 있다.			
과자류 제품 반죽 굽기	제품의 특성에 따라 오븐의 종류를 선택할 수 있다.			
	제품의 특성에 따라 오븐온도, 시간, 습도 등을 설정할 수 있다.			
	제품의 특성에 따라 오븐온도, 시간, 습도 등에 대한 굽기 관리를 할 수 있다.			
	굽기 완료 시 제품의 특성에 따라 적합하게 구워진 상태를 확인할 수 있다.			

 시험시간
2시간 20분

타르트

요구사항 다음 요구사항대로 타르트를 제조하여 제출하시오.

① 배합표의 각 재료를 계량하여 재료별로 진열하시오.(5분)
   (충전물·토핑 등의 재료는 휴지시간을 활용하시오.)

② 반죽은 크림법으로 제조하시오.

③ 반죽온도는 20℃를 표준으로 하시오.

④ 반죽은 냉장고에서 20~30분 정도 휴지하시오.

⑤ 반죽은 두께 3mm 정도로 밀어 펴서 팬에 맞게 성형하시오.

⑥ 아몬드 크림을 제조해서 팬(∅10~12cm) 용적의 60~
   70% 정도 충전하시오.

⑦ 아몬드 슬라이스를 윗면에 고르게 장식하시오.

⑧ 8개를 성형하시오.

⑨ 광택제로 제품을 완성하시오.

반죽

재료명	비율(%)	무게(g)
박력분(Soft flour)	100	400
달걀(Egg)	25	100
설탕(Sugar)	26	104
버터(Butter)	40	160
소금(Salt)	0.5	2
계	191.5	766

충전물

재료명	비율(%)	무게(g)
아몬드분말(Almond powder)	100	250
설탕(Sugar)	90	226
버터(Butter)	100	250
달걀(Egg)	65	162
브랜디(Brandy)	12	30
계	367	918

광택제 및 토핑(계량시간에서 제외)

재료명	비율(%)	무게(g)
에프리코트 혼당(Apricot fondant)	100	150
물(Water)	40	60
계	140	210

재료명	비율(%)	무게(g)
아몬드 슬라이스(Almond slice)	66.6	100

만드는 법

1. 재료를 정확하게 계량한다.

2. 볼에 버터를 넣고 거품기로 부드럽게 푼 다음, 설탕과 소금을 넣어 크림화한다.

3. 달걀을 조금씩 넣어 크림화한다. (너무 부드럽게 크림화하지 않는다.)

4. 체질한 가루재료를 주걱으로 섞는다. (글루텐이 형성되지 않도록 주의)

5. 비닐에 반죽을 섞고 밀대로 밀어 냉장에 휴지한다. (20분 정도)

6. 충전물용(아몬드크림) 반죽에 버터를 풀고 설탕, 소금을 넣어 부드럽게 크림화한 다음, 달걀을 나누어 넣으며 크림화한다.

7. ⑥에 아몬드 가루를 체질하여 혼합한 다음, 브랜디를 섞어 완성한다.

8. 휴지가 다 된 반죽을 8등분하고 밀대로 두께 0.3cm으로 밀어 편 다음, 타르트 팬에 올려 윗면을 정리한다.

9. 포크로 바닥에 구멍을 내고(바닥과 팬 사이 공기가 들어가지 않아 뜨는 것 방지) 충전물을 80% 채워 아몬드 슬라이스를 뿌려준다.

10. 윗불 170℃ 아랫불 190℃에서 25~30분 정도 굽는다.

11. 애프리코트혼당과 물을 섞어 덩어리를 풀고 살짝 끓인 다음, 타르트 윗면에 붓으로 발라 광택이 나게 한다.

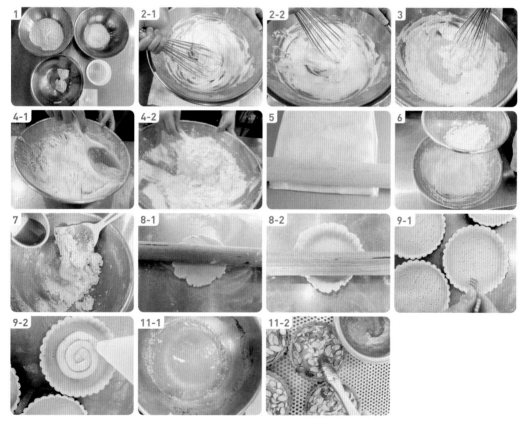

Memo

● 타르트 껍질 반죽을 혼합할 때 오버믹싱을 할 경우 껍질 들뜸 현상이 많이 일어나므로 오버믹싱이 되지 않도록 유의한다. (포크로 바닥에 구멍을 내는 이유)

● 타르트의 구움색은 아랫불 온도가 높아야 고른 색상으로 나온다.

파
이
류

학습 평가

학습내용	평가항목	성취수준		
		상	중	하
재료계량	작업지시서에 따라 배합표를 점검할 수 있다.			
	제품별 배합표에 따라 재료를 준비할 수 있다.			
	제품별 배합표에 따라 재료를 계량할 수 있다.			
	제품별 배합표에 따라 정확한 계량여부를 확인할 수 있다.			
다양한 반죽	다양한 제품 반죽 제조 시 제품별로 배합표에 따라 재료를 확인할 수 있다.			
	다양한 제품 반죽 제조 시 작업지시서에 따라 전처리를 할 수 있다.			
	다양한 제품 반죽 제조 시 작업지시서에 따라 반죽을 할 수 있다.			
	다양한 제품 반죽 제조 시 작업지시서의 규격에 따른 해당제품 반죽의 품질을 점검할 수 있다.			
다양한 정형	다양한 제품 정형 시 작업지시서에 따라 정형에 필요한 기구, 설비를 준비할 수 있다.			
	다양한 제품 정형 시 제품의 특성에 따라 분할하여 성형, 패닝할 수 있다.			
	다양한 제품 정형 시 작업 지시서의 규격 여부에 따라 정형 결과를 확인할 수 있다.			
부속물 제조	부속물 제조 시 작업 지시서에 따라 재료를 확인할 수 있다.			
	부속물 제조 시 재료의 특성에 따라 전처리를 할 수 있다.			
	부속물 제조 시 작업지시서에 따라 해당 제품의 부속물을 만들 수 있다.			
	부속물 제조 시 작업 지시서에 따라 해당 제품의 부속물을 관리할 수 있다.			
과자류 제품 반죽 굽기	제품의 특성에 따라 오븐의 종류를 선택할 수 있다.			
	제품의 특성에 따라 오븐온도, 시간, 습도 등을 설정할 수 있다.			
	제품의 특성에 따라 오븐온도, 시간, 습도 등에 대한 굽기 관리를 할 수 있다.			
	굽기 완료 시 제품의 특성에 따라 적합하게 구워진 상태를 확인할 수 있다.			

호두파이

요구사항 다음 요구사항대로 호두파이를 제조하여 제출하시오.

① 껍질 재료를 계량하여 재료별로 진열하시오.(7분)

② 껍질에 결이 있는 제품으로 손반죽으로 제조하시오.

③ 껍질 휴지는 냉장온도에서 실시하시오.

④ 충전물은 개인별로 각자 제조하시오.(호두는 구워서 사용)

⑤ 구운 후 충전물의 층이 선명하도록 제조하시오.

⑥ 제시한 팬 7개에 맞는 껍질을 제조하시오.(팬 크기가 다를 경우 크기에 따라 가감)

⑦ 반죽은 전량을 사용하여 성형하시오.

껍질

재료명	비율(%)	무게(g)
중력분(Soft flour)	100	400
노른자(Egg yolk)	10	40
소금(Salt)	1.5	6
설탕(Sugar)	3	12
생크림(Fresh cream)	12	48
버터(Butter)	40	160
물(Water)	25	100
계	191.5	766

충전물(계량시간에서 제외)

재료명	비율(%)	무게(g)
호두(Walnut)	100	250
설탕(Sugar)	100	250
물엿(Corn syrup)	100	250
계핏가루(Cinnamon powder)	1	2.5(2)
물(Water)	40	100
달걀(Egg)	240	600
계	581	1,452.5 (1,452)

만드는 법

1. 재료를 정확하게 계량한 다음, 호두는 구워서 전처리한다.

2. 설탕과 소금은 물에 녹여서 노른자, 생크림과 함께 섞어 둔다.

3. 작업대에 체질한 중력분과 버터를 올려 스크래퍼 두 개를 이용하여 작은 콩알 크기로 다진 다음, 중심부에 홈을 파서 ②를 두세 번에 나누어 섞는다.

4. 수분이 어느 정도 섞이면 비닐을 이용하여 한 덩어리로 만들어 일정한 두께로 밀어 펴 냉장에 휴지한다. (20분 정도)

5. 파이팬에 버터를 발라둔다. (손이나 붓을 이용)

6. 설탕, 물엿, 물, 계핏가루를 골고루 혼합한 다음, 달걀을 기포가 나지 않도록 거품기로 살짝 풀어 함께 섞어 충전물용 반죽을 만든다.

7. 혼합한 충전물은 설탕이 녹을 때까지 중탕한 후 체에 거르고(덩어리 제거) 종이를 덮어 기포를 없앤다.

8. 휴지한 반죽은 7개로 분할하여 밀대로 밀어 팬에 깔고 스크래퍼로 끝부분을 정리 한다.

9. 손가락으로 반죽을 밖에서 안으로 밀면서 주름을 만들어 준다.

10. 전처리한 호두를 나눠 담고 충전물을 고르게 붓는다.

11. 윗불 170℃ 아랫불 190℃에서 30~40분 정도 굽는다.

🍳 **Memo**

- 파이껍질 반죽을 충분히 휴지해야 줄임 현상이 일어나지 않으므로 휴지시간에 유의한다.
- 아랫불 온도가 높아야 덜 익어서 주저앉는 현상을 막을 수 있으므로 굽는 온도에 유의한다.

제빵기능사

산형 삼봉형 식빵류 믹싱 및 정형공정 | 기타빵류 믹싱 및 정형공정

식빵류 우유식빵 | 풀먼식빵 | 쌀식빵 | 옥수수식빵 | 식빵(비상스트레이트법) | 버터톱식빵
　　　　밤식빵

단과자빵류 단과자빵(트위스트형) | 단팥빵(비상스트레이트법) | 크림빵 | 스위트롤 | 모카빵
　　　　　　소보로빵

하드빵류 호밀빵 | 통밀빵

조리빵류 소시지빵

특수빵류 빵도넛

기타빵류 베이글 | 그리시니 | 버터롤

산형 삼봉형 식빵류 믹싱 및 정형 공정

만드는 법

1. 재료를 정확하게 계량한다.

2. **반죽** – 쇼트닝 또는 버터(마가린)를 제외한 모든 재료를 넣고 믹싱한 다음, 클린업 단계가 되면 쇼트닝 또는 버터(마가린)를 넣고 최종단계까지 믹싱한다.

3. **1차 발효** – 온도 27℃ 습도 75~80%에서 40~50분 정도 발효한다.

4. **분할, 둥글리기, 중간발효** – 요구 g씩 분할하여 둥글리기 하고 비닐을 덮어 중간 발효를 한다.(10~15분)

5. **정형**

   ㄱ. 중간발효가 끝난 반죽은 밀대로 밀어 펴서 가스를 빼고 3겹접기를 하여 한 번 더 밀대로 고르게 펴준다.

   ㄴ. 위에서 아래로 단단하게 말고 이음매를 단단하게 봉합하여 세 개씩 짝을 맞춰 팬에 일정하게 패닝한 다음, 아랫부분에 공간이 생기지 않게 눌러 준다.

6. **2차 발효** – 온도 35~40℃ 습도 85~90%에서 반죽이 팬 위로 1~2cm 정도 올라올 때까지 발효한다.

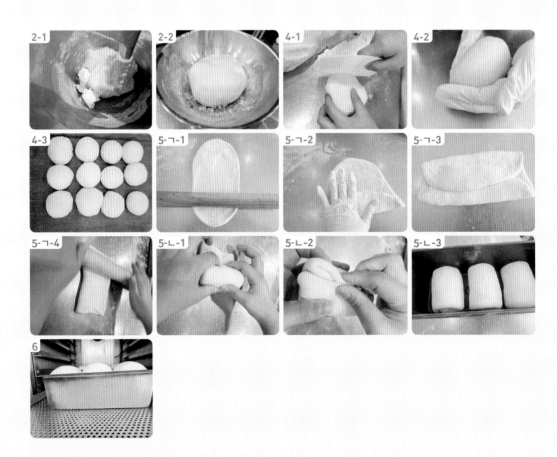

기타빵류 믹싱 및 정형 공정

만드는 법

1. 재료를 정확하게 계량한다.

2. **믹싱** – 쇼트닝 또는 버터(마가린)를 제외한 모든 재료를 넣고 믹싱한 다음, 클린업 단계가 되면 쇼트닝 또는 버터(마가린)를 넣고 최종단계까지 믹싱한다.

3. **1차 발효** – 온도 27℃ 습도 75~80%에서 40~50분 정도 발효한다.

4. **분할, 둥글리기, 중간발효** – 요구 g씩 분할하여 둥글리기 하고 비닐을 덮어 중간발효를 한다.(10~15분)

5. **정형, 2차 발효, 굽기** – 빵의 종류에 따라 다르게 이루어진다.

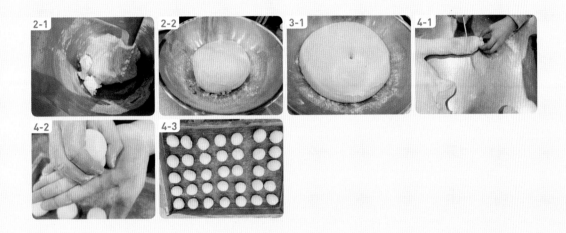

식
빵
류

학습내용	평가항목	성취수준		
		상	중	하
재료계량	작업지시서에 따라 배합표를 점검할 수 있다.			
	작업지시서에 따라 재료를 준비할 수 있다.			
	작업지시서에 따라 재료를 계량할 수 있다.			
	작업지시서에 따라 정확한 계량여부를 확인할 수 있다.			
스트레이트법 반죽 온도 계산	스트레이트 반죽 시 작업 지시서에 따라 사용수의 온도를 조절할 수 있다.			
스트레이트법 반죽	스트레이트 반죽 시 제품 특성에 따라 반죽기의 속도를 조절할 수 있다.			
	스트레이트 반죽 완료 시 제품 특성에 따라 반죽 정도의 적절성을 점검할 수 있다.			
	다양한 제품 반죽 제조 시 작업지시서의 규격에 따른 해당제품 반죽의 품질을 점검할 수 있다.			
비상스트레이트법 반죽	비상스트레이트 반죽 시 지시서에 따라 사용수의 온도를 조절할 수 있다.			
	비상스트레이트 반죽 시 제품 특성에 따라 반죽기의 속도를 조절할 수 있다.			
	비상스트레이트 반죽 완료 시 제품 특성에 따라 반죽 정도의 적절성을 점검할 수 있다.			
1차 발효	1차 발효 시 반죽 온도의 차이에 따라 발효시간을 조절할 수 있다.			
	1차 발효 시 조건에 따라 발효시간을 조절할 수 있다.			
	1차 발효 시 제품 특성에 따라 발효 완료점을 찾을 수 있다.			
반죽 분할, 둥글리기	반죽 분할 시 제품 특성에 따라 신속, 정확하게 분할할 수 있다.			
	반죽 둥글리기 시 반죽 크기와 반죽 상태를 고려하여 둥글리기 할 수 있다.			
중간 발효	중간 발효 시 제품 특성에 따라 실온 또는 발효기에서 발효할 수 있다.			
	중간 발효 시 반죽의 간격을 유지하여 중간 발효할 수 있다.			
	중간 발효 시 반죽이 마르지 않도록 관리할 수 있다.			
	중간 발효 시 제품 특성에 따라 중간 발효 시간을 조절할 수 있다.			
반죽, 성형, 패닝	제품 특성에 따라 모양을 만들 수 있다.			
	제품 특성에 따라 충전물과 토핑물을 이용할 수 있다.			
	발효 상태와 사용할 팬을 고려하여 패닝할 수 있다.			
2차 발효	2차 발효 시 제품별 발효 조건에 맞게 발효할 수 있다.			
	2차 발효 시 반죽 분할량과 성형 모양에 따라 발효 완료점을 확인할 수 있다.			
	2차 발효 시 오븐 조건에 따라 2차 발효를 조절할 수 있다.			
반죽 굽기	굽기 시 제품 특성에 따라 발효 상태, 충전물, 반죽물성에 적합한 굽는 온도와 시간을 결정할 수 있다.			
	굽기 시 반죽의 발효 상태와 토핑물의 종류를 고려하여 굽기를 할 수 있다.			

 시험시간
3시간 40분 | # 우유식빵

요구사항 다음 요구사항대로 우유식빵을 제조하여 제출하시오.

① 배합표의 각 재료를 계량하여 재료별로 진열하시오.(8분)

② 반죽은 스트레이트법으로 제조하시오.(단, 유지는 클린업 단계에서 첨가하시오.)

③ 반죽온도는 27℃를 표준으로 하시오.

④ 표준분할무게는 180g으로 하고, 제시된 팬의 용량을 감안하여 결정하시오.(단, 분할무게×3을 1개의 식빵으로 함)

⑤ 반죽은 전량을 사용하여 성형하시오.

재료명	비율(%)	무게(g)
강력분(Hard flour)	100	1,200
물(Water)	29	348
우유(Milk)	40	480
이스트(Fresh yeast)	4	48
제빵개량제(S-500)	1	12
소금(Salt)	2	24
설탕(Sugar)	5	60
쇼트닝(Shortening)	4	48
계	185	2,220

만드는 법

1. **계량** – 재료를 정확하게 계량한다.

2. **반죽** – 쇼트닝을 제외한 전 재료를 넣고 믹싱한 다음, 클린업 단계가 되면 쇼트닝을 넣고 최종단계까지 믹싱하여 반죽온도(27℃)를 맞춘다.

3. **1차 발효** – 온도 27℃ 습도 75~80%에서 40~50분 정도 발효한다.

4. **분할, 둥글리기, 중간발효** – 반죽은 180g씩 분할하여 둥글리기 하고 비닐을 덮어 중간발효를 한다.(10~15분)

5. **정형**

   ㄱ. 중간발효가 끝난 반죽은 밀대로 밀어 펴서 가스를 빼고 3겹접기를 하여 한 번 더 밀대로 고르게 펴준다.

   ㄴ. 위에서 아래로 단단하게 말아 준 다음 이음매를 단단하게 봉합하여 세 개씩 짝을 맞춰 팬에 일정하게 패닝하여 아랫부분에 공간이 생기지 않게 눌러 준다

6. **2차 발효** – 온도 35~40℃ 습도 85~90%에서 팬 위로 1cm 올라올 때까지 발효한다.

7. **굽기** – 윗불 170℃ 아랫불 180℃에서 25~30분간 굽는다.
   (식빵류는 옆면까지 고른 갈색이 나도록 구울 때 주의하여 굽는다.

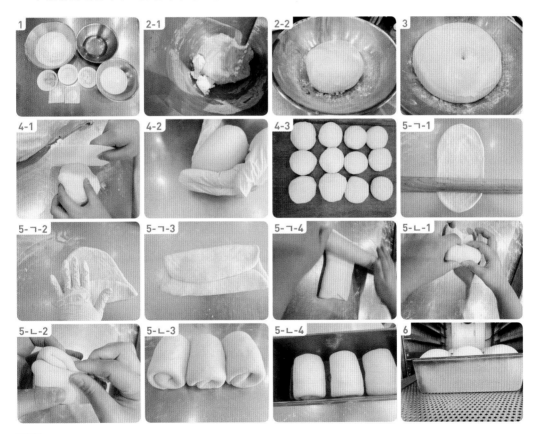

💭 **Memo**

● 우유의 유당(젖당, 락토스) 성분으로 위 껍질색이 빨리 형성되므로 굽는 온도에 유의한다.

● 우유 사용으로 단백질이 첨가되어 반죽이 단단해지므로, 덧가루를 최소로 사용하여 성형한다.

 시험시간
3시간 40분

풀먼식빵

요구사항　다음 요구사항대로 풀먼식빵을 제조하여 제출하시오.

① 배합표의 각 재료를 계량하여 재료별로 진열하시오.(9분)

② 반죽은 스트레이트법으로 제조하시오.(단, 유지는 클린업 단계에서 첨가하시오.)

③ 반죽온도는 27℃를 표준으로 하시오.

④ 표준분할무게는 250g으로 하고, 제시된 팬의 용량을 감안하여 결정하시오.(단, 분할무게×2를 1개의 식빵으로 함)

⑤ 반죽은 전량을 사용하여 성형하시오.

재료명	비율(%)	무게(g)
강력분(Hard flour)	100	1,400
물(Water)	58	812
이스트(Fresh yeast)	4	56
제빵개량제(S-500)	1	14
소금(Salt)	2	28
설탕(Sugar)	6	84
쇼트닝(Shortening)	4	56
달걀(Egg)	5	70
분유(Dry milk)	3	42
계	183	2,562

만드는 법

1. **계량** – 재료를 정확하게 계량한다.

2. **반죽** – 쇼트닝을 제외한 전 재료를 넣고 믹싱한 다음, 클린업 단계가 되면 쇼트닝을 넣고 최종단계까지 믹싱하여 반죽온도(27℃)를 맞춰준다.

3. **1차 발효** – 온도 27℃ 습도 75~80%에서 40~50분 정도 발효한다.

4. **분할, 둥글리기, 중간발효** – 반죽은 250g씩 분할하여 둥글리기 하고 비닐을 덮어 중간발효를 한다.(10~15분)

5. **정형**

   ㄱ. 중간발효가 끝난 반죽은 밀대로 밀어 펴서 가스를 빼고 3겹 접기를 하여 한 번 더 밀대로 고르게 펴준다.

   ㄴ. 위에서 아래로 단단하게 말아 준 다음 이음매를 단단하게 봉합하여 두 개씩 짝을 맞춰 팬에 일정하게 패닝한다.(팬 용량에 따라 4개씩 패닝할 수도 있다.)

6. **2차 발효** – 온도 35~40℃ 습도 85~90%에서 팬 높이까지 올라오도록 하며, 이때 뚜껑을 닫아 준다.

7. **굽기** – 윗불 170℃ 아랫불 180℃에서 40~50분간 굽는다.

Memo

● 보통의 식빵보다 오래 구워야 구움 색상이 형성된다.

쌀식빵

요구사항 다음 요구사항대로 쌀식빵을 제조하여 제출하시오.

① 배합표의 각 재료를 계량하여 재료별로 진열하시오.(9분)

② 반죽은 스트레이트법으로 제조하시오.(단, 유지는 클린업 단계에서 첨가하시오.)

③ 반죽온도는 27℃를 표준으로 하시오.

④ 분할무게는 198g씩으로 하고, 제시된 팬의 용량을 감안하여 결정하시오.(단, 분할무게×3을 1개의 식빵으로 함)

⑤ 반죽은 전량을 사용하여 성형하시오.

재료명	비율(%)	무게(g)
강력분(Hard flour)	70	910
쌀가루(Rice flour)	30	390
물(Water)	63	819(820)
이스트(Fresh yeast)	3	39(40)
소금(Salt)	1.8	23.4(24)
설탕(Sugar)	7	91(90)

재료명	비율(%)	무게(g)
쇼트닝(Shortening)	5	65(66)
탈지분유(Dry milk)	4	52
제빵개량제(S-500)	2	26
계	185.8	2,415.4 (2,418)

만드는 법

1. **계량** – 재료를 정확하게 계량한다.

2. **반죽** – 쇼트닝을 제외한 전 재료를 넣고 믹싱한 다음, 클린업 단계가 되면 쇼트닝을 넣고 최종단계까지 믹싱하여 반죽온도(27℃)를 맞춰준다.

3. **1차 발효** – 온도 27℃ 습도 75~80% 조건에서 40~50분 정도 발효한다.

4. **분할, 둥글리기, 중간발효** – 반죽은 198g씩 분할하여 둥글리기 하고 비닐을 덮어 중간발효를 한다.(10~15분)

5. **정형**

   ㄱ. 중간발효가 끝난 반죽은 밀대로 밀어 펴서 가스를 빼고 3겹접기를 하여 한 번 더 밀대로 고르게 펴준다.

   ㄴ. 위에서 아래로 단단하게 말아 준 다음 이음매를 단단하게 봉합하여 세 개씩 짝을 맞춰 팬에 일정하게 패닝하여 아랫부분에 공간이 생기지 않게 눌러 준다.

6. **2차 발효** – 온도 35~40℃ 습도 85~90%에서 팬 위로 2cm 올라올 때까지 발효한다.

7. **굽기** – 윗불 170℃ 아랫불 180℃에서 25~30분간 굽는다.

Memo
- 쌀식빵은 다른 식빵에 비해 오븐 팽창이 적어 2차 발효를 충분히 한 후에 굽는다.
- 1차 발효는 짧게, 2차 발효는 길게 하는 것이 특징이다.

 시험시간
3시간 40분

옥수수식빵

요구사항   다음 요구사항대로 옥수수식빵을 제조하여 제출하시오.

① 배합표의 각 재료를 계량하여 재료별로 진열하시오.(10분)

② 반죽은 스트레이트법으로 제조하시오.(단, 유지는 클린업 단계에서 첨가하시오.)

③ 반죽온도는 27℃를 표준으로 하시오.

④ 표준분할무게는 180g으로 하고, 제시된 팬의 용량을 감안하여 결정하시오.(단, 분할무게×3을 1개의 식빵으로 함)

⑤ 반죽은 전량을 사용하여 성형하시오.

재료명	비율(%)	무게(g)
강력분(Hard flour)	80	960
옥수수분말(Corn flour)	20	240
물(Water)	60	720
이스트(Fresh yeast)	3	36
소금(Salt)	2	24
설탕(Sugar)	8	96

재료명	비율(%)	무게(g)
쇼트닝(Shortening)	7	84
탈지분유(Dry milk)	3	36
달걀(Egg)	5	60
계	189	2,268

만드는 법

1. **계량** – 재료를 정확하게 계량한다.

2. **반죽** – 쇼트닝을 제외한 전 재료를 넣고 믹싱한 다음, 클린업 단계가 되면 쇼트닝을 넣고 발전단계까지 믹싱하여 반죽온도(27℃)를 맞춰준다.

3. **1차 발효** – 온도 27℃ 습도 75~80%에서 40~50분 정도 발효한다.

4. **분할, 둥글리기, 중간발효** – 반죽은 180g씩 분할하여 둥글리기 하고 비닐을 덮어 중간 발효를 한다.(10~15분)

5. **정형**

　ㄱ. 중간발효가 끝난 반죽은 밀대로 밀어 펴서 가스를 빼고 3겹접기를 하여 한 번 더 밀대로 고르게 펴준다.

　ㄴ. 위에서 아래로 단단하게 말아 준 다음 이음매를 단단하게 봉합하여 세 개씩 짝을 맞춰 팬에 일정하게 패닝하여 아랫부분에 공간이 생기지 않게 눌러 준다.

6. **2차 발효** – 온도 35~40℃ 습도 85~90%에서 팬 위로 2cm 올라올 때까지 발효한다.

7. **굽기** – 윗불 170℃ 아랫불 180℃에서 25~30분간 굽는다.

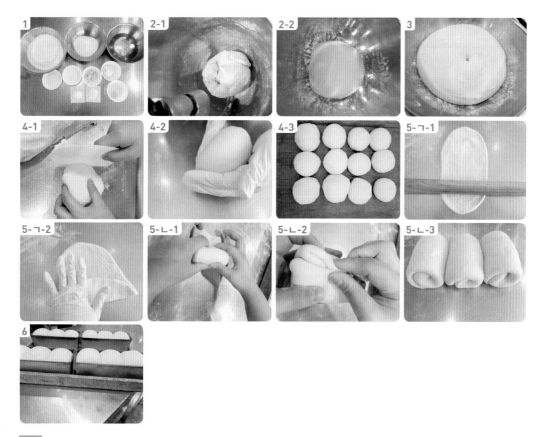

Memo

● 반죽에 옥수수 분말이 섞여 오븐스프링이 적으므로 2차 발효를 오래 한다.

● 쌀식빵처럼 1차 발효는 짧게 2차 발효는 길게 하여 굽는다.

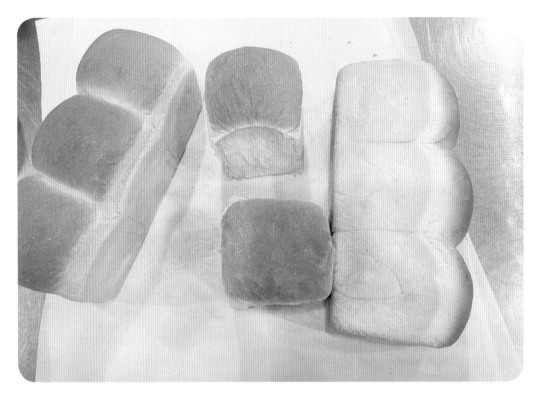

 시험시간
2시간 40분

식빵 비상스트레이트법

요구사항 다음 요구사항대로 식빵(비상스트레이트법)을 제조하여 제출하시오.

① 배합표의 각 재료를 계량하여 재료별로 진열하시오.(8분)

② 비상스트레이트법 공정에 의해 제조하시오.(반죽온도는 30℃로 한다.)

③ 표준분할무게는 170g으로 하고, 제시된 팬의 용량을 감안하여 결정하시오.(단, 분할무게×3을 1개의 식빵으로 함)

④ 반죽은 전량을 사용하여 성형하시오.

재료명	비상스트레이트법	
	비율(%)	무게
강력분(Hard flour)	100	1,200
물(Water)	63	756
이스트(Fresh yeast)	5	60
제빵개량제(S-500)	2	24
설탕(Sugar)	5	60
쇼트닝(Shortening)	4	48
탈지분유(Dry milk)	3	36
소금(Salt)	1.8	21.6(22)
계	183.8	2,205.6 2,206

만드는 법

1. **계량** – 재료를 정확하게 계량한다.

2. **반죽** – 쇼트닝을 제외한 전 재료를 넣고 믹싱한 다음, 클린업 단계가 되면 쇼트닝을 넣고 최종단계까지 믹싱하여 반죽온도(30℃)를 맞춰준다.

3. **1차 발효** – 온도 27℃ 습도 75~80%에서 40~50분 정도 발효한다.

4. **분할, 둥글리기, 중간발효** – 반죽은 170g씩 분할하여 둥글리기 하고 비닐을 덮어 중간발효를 한다.(10~15분)

5. **정형**

   ㄱ. 중간발효가 끝난 반죽은 밀대로 밀어 펴서 가스를 빼고 3겹접기를 하여 한 번 더 밀대로 고르게 펴준다.

   ㄴ. 위에서 아래로 단단하게 말아 준 다음 이음매를 단단하게 봉합하여 세 개씩 짝을 맞춰 팬에 일정하게 패닝하여 아랫부분에 공간이 생기지 않게 눌러 준다.

6. **2차 발효** – 온도 35~40℃ 습도 85~90%에서 팬 높이와 비슷해질 때까지 발효한다.
   (비상 식빵은 이스트가 많이 들어가기 때문에 과발효 방지를 위하여 팬높이와 비슷할 때까지 발효한다.)

7. **굽기** – 윗불 170℃ 아랫불 180℃에서 25~30분간 굽는다.

> 🍳 **Memo**
> - 이스트가 많이 들어간 제품으로 과발효가 되지 않도록 유의한다.
> - 비상반죽법으로 믹싱을 25~30% 더 한다.

시험시간
3시간 30분 | # 버터톱식빵

요구사항 다음 요구사항대로 버터톱식빵을 제조하여 제출하시오.

① 배합표의 각 재료를 계량하여 재료별로 진열하시오.(9분)

② 반죽은 스트레이트법으로 제조하시오.(단, 유지는 클린업 단계에서 첨가하시오.)

③ 반죽온도는 27℃를 표준으로 하시오.

④ 분할무게 460g짜리 5개를 만드시오.(한 덩이 : One loaf)

⑤ 윗면을 길이로 자르고 버터를 짜 넣는 형태로 만드시오.

⑥ 반죽은 전량을 사용하여 성형하시오.

재료명	비율(%)	무게(g)
강력분(Hard flour)	100	1,200
설탕(Sugar)	6	72
버터(Butter)	20	240
소금(Salt)	1.8	21.6(22)
탈지분유(Dry milk)	3	36
이스트(Fresh yeast)	4	48
제빵개량제(S-500)	1	12

재료명	비율(%)	무게(g)
물(Water)	40	480
달걀(Egg)	20	240
계	195.8	2,349.6 (2,350)

재료명	비율(%)	무게(g)
버터(바르기용)	5	60

만드는 법

1. **계량** – 재료를 정확하게 계량한다.

2. **반죽** – 버터를 제외한 전 재료를 넣고 믹싱한 다음, 클린업 단계가 되면 버터를 넣고 최종단계까지 믹싱하여 반죽온도(27℃)를 맞춰준다.

3. **1차 발효 – 온도 27℃ 습도 75~80%에서 40~50분 정도 발효한다.**

4. **분할, 둥글리기, 중간발효** – 460g씩 분할하여 둥글리기 하고 비닐을 덮어 중간발효를 한다.(10~15분)

5. **정형**

   ㄱ. 밀대를 사용하여 아래쪽이 넓은 종 모양으로 밀어 편다.

   ㄴ. 위에서부터 한 덩어리로 말아준 다음, 이음매 부분을 잘 봉합한다.

6. **2차 발효** – 이음매가 아래로 가도록 팬에 담고 온도 35~40℃ 습도 85~90%에서 팬 아래 2cm 정도 올라올 때까지 발효한다.

7. 반죽의 중앙부분에 0.5cm 깊이로 칼집을 내고 모양대로 버터를 짠다.

8. **굽기** – 윗불 170℃ 아랫불 180℃에서 25~30분 정도 굽는다.

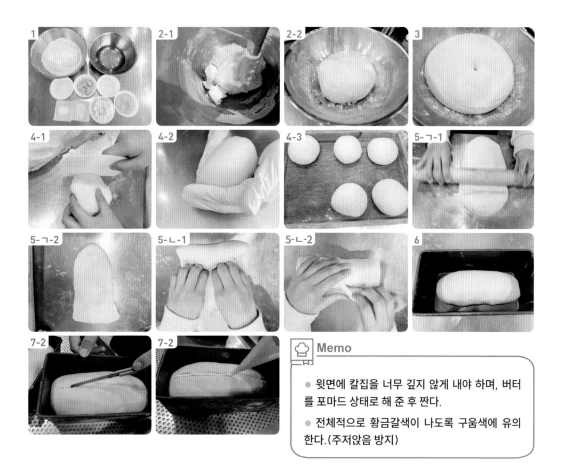

🔖 **Memo**

● 윗면에 칼집을 너무 깊지 않게 내야 하며, 버터를 포마드 상태로 해 준 후 짠다.

● 전체적으로 황금갈색이 나도록 구움색에 유의한다.(주저앉음 방지)

 시험시간
3시간 40분

밤식빵

요구사항 다음 요구사항대로 밤식빵을 제조하여 제출하시오.

① 반죽 재료를 계량하여 재료별로 진열하시오.(10분)

② 반죽은 스트레이트법으로 제조하시오.

③ 반죽온도는 27℃를 표준으로 하시오.

④ 분할무게는 450g으로 하고, 성형 시 450g의 반죽에 80g의 통조림 밤을 넣고 정형하시오.(한 덩이 : One loaf)

⑤ 토핑물을 제조하여 굽기 전에 토핑하고 아몬드를 뿌리시오.

⑥ 반죽은 전량을 사용하여 성형하시오.

반죽

재료명	비율(%)	무게(g)
강력분(Hard flour)	80	960
중력분(Soft flour)	20	240
설탕(Sugar)	12	144
버터(Butter)	8	96
소금(Salt)	2	24
물(Water)	52	624
이스트(Fresh yeast)	4.5	54
제빵개량제(S-500)	1	12
달걀(Egg)	10	120
탈지분유(Dry milk)	3	36
계	192.5	2,310

충전물(계량시간에서 제외)

재료명	비율(%)	무게(g)
마가린(Margarine)	100	100
설탕(Sugar)	60	60
베이킹파우더(Baking powder)	2	2
달걀(Egg)	60	60
중력분(Soft flour)	100	100
아몬드 슬라이스(Almond slice)	50	50
계	372	372

재료명	비율(%)	무게(g)
밤다이스(Chestnut dices) (시럽 제외)	35	420

만드는 법

1. **계량** – 재료를 정확하게 계량한다.

2. **반죽** – 버터를 제외한 전 재료를 넣고 믹싱한 다음, 클린업 단계가 되면 버터를 넣고 최종단계까지 믹싱하여 반죽온도(27℃)를 맞춰준다. ※ 87p 참조

3. **1차 발효** – 온도 27℃ 습도 75~80%에서 40~50분 정도 발효한다.

4. **분할, 둥글리기, 중간발효** – 450g씩 분할하여 둥글리기 하고 비닐을 덮어 중간발효를 한다.(10~15분)

5. **정형**
   ㄱ. 밀대로 아래쪽이 넓은 종 모양으로 밀어 편다.
   ㄴ. 분량의 밤을 골고루 올린 다음, 위에서부터 한 덩어리로 말아 이음매 부분을 잘 봉합한다.

6. **2차 발효** – 이음매가 아래로 가도록 팬에 담고 온도 35~40℃ 습도 85~90%에서 팬 아래로 2cm 정도 올라올 때까지 발효한다.

7. **토핑 반죽 만들기**
   ㄱ. 볼에 버터를 넣고 거품기로 부드럽게 풀고 설탕과 소금을 넣고 풀어준다.
   ㄴ. 달걀을 조금씩 넣어 크림화한 다음, 체질한 가루재료(중력분, 베이킹파우더)를 넣고 글루텐이 형성되지 않도록 주의하며 주걱으로 섞는다.
   ㄷ. 짜주머니에 모양깍지를 끼우고 반죽을 담아 준비한다.

8. 2차 발효가 끝난 식빵 위에 토핑 반죽을 4~5줄 정도 짠 후 아몬드 슬라이스를 토핑 위에 뿌린다. (식빵의 양 끝은 남겨둔다)

9. **굽기** – 윗불 170℃ 아랫불 180℃에서 25~30분 정도 굽는다.

Memo

● 충전용 밤의 물기를 제거하고 밤이 클 경우 잘라서 사용해도 된다.
● 너무 단단하게 말리지 않도록 유의하고 이음매를 단단하게 봉한다.

단 과 자 빵 류

학습내용	평가항목	성취수준		
		상	중	하
재료계량	작업지시서에 따라 배합표를 점검할 수 있다.			
	작업지시서에 따라 재료를 준비할 수 있다.			
	작업지시서에 따라 재료를 계량할 수 있다.			
	작업지시서에 따라 정확한 계량여부를 확인할 수 있다.			
스트레이트법 반죽 온도 계산	스트레이트 반죽 시 작업 지시서에 따라 사용수의 온도를 조절할 수 있다.			
스트레이트법 반죽	스트레이트 반죽 시 제품 특성에 따라 반죽기의 속도를 조절할 수 있다.			
	스트레이트 반죽 완료 시 제품 특성에 따라 반죽 정도의 적절성을 점검할 수 있다.			
	다양한 제품 반죽 제조 시 작업지시서의 규격에 따른 해당제품 반죽의 품질을 점검할 수 있다.			
비상스트레이트법 반죽	비상스트레이트 반죽 시 지시서에 따라 사용수의 온도를 조절할 수 있다.			
	비상스트레이트 반죽 시 제품 특성에 따라 반죽기의 속도를 조절할 수 있다.			
	비상스트레이트 반죽 완료 시 제품 특성에 따라 반죽 정도의 적절성을 점검할 수 있다.			
1차 발효	1차 발효 시 반죽 온도의 차이에 따라 발효시간을 조절할 수 있다.			
	1차 발효 시 조건에 따라 발효시간을 조절할 수 있다.			
	1차 발효 시 제품 특성에 따라 발효 완료점을 찾을 수 있다.			
반죽 분할, 둥글리기	반죽 분할 시 제품 특성에 따라 신속, 정확하게 분할할 수 있다.			
	반죽 둥글리기 시 반죽 크기와 반죽 상태를 고려하여 둥글리기 할 수 있다.			
중간 발효	중간 발효 시 제품 특성에 따라 실온 또는 발효기에서 발효할 수 있다.			
	중간 발효 시 반죽의 간격을 유지하여 중간 발효할 수 있다.			
	중간 발효 시 반죽이 마르지 않도록 관리할 수 있다.			
	중간 발효 시 제품 특성에 따라 중간 발효 시간을 조절할 수 있다.			
반죽, 성형, 패닝	제품 특성에 따라 모양을 만들 수 있다.			
	제품 특성에 따라 충전물과 토핑물을 이용할 수 있다.			
	발효 상태와 사용할 팬을 고려하여 패닝할 수 있다.			
2차 발효	2차 발효 시 제품별 발효 조건에 맞게 발효할 수 있다.			
	2차 발효 시 반죽 분할량과 성형 모양에 따라 발효 완료점을 확인할 수 있다.			
	2차 발효 시 오븐 조건에 따라 2차 발효를 조절할 수 있다.			
반죽 굽기	굽기 시 제품 특성에 따라 발효 상태, 충전물, 반죽물성에 적합한 굽는 온도와 시간을 결정할 수 있다.			
	굽기 시 반죽의 발효 상태와 토핑물의 종류를 고려하여 굽기를 할 수 있다.			

단과자빵 트위스트형

요구사항 다음 요구사항대로 단과자빵 트위스트형을 제조하여 제출하시오.

① 배합표의 각 재료를 계량하여 재료별로 진열하시오.(9분)

② 반죽은 스트레이트법으로 제조하시오.(단, 유지는 클린업 단계에서 첨가하시오.)

③ 반죽온도는 27℃를 표준으로 하시오.

④ 분할무게는 50g이 되도록 하시오.

⑤ 모양은 8자형 12개, 달팽이형 12개로 2가지 모양으로 만드시오.

⑥ 완제품 24개를 성형하여 제출하고, 남은 반죽은 감독위원의 지시에 따라 별도로 제출하시오.

재료명	비율(%)	무게(g)	재료명	비율(%)	무게(g)
강력분(Hard flour)	100	900	쇼트닝(Shortening)	10	90
물(Water)	47	422	분유(Dry milk)	3	26
이스트(Fresh yeast)	4	36	달걀(Egg)	20	180
제빵개량제(S-500)	1	8	계	199	1,788
소금(Salt)	2	18			
설탕(Sugar)	12	108			

만드는 법

1. **계량** – 재료를 정확하게 계량한다.

2. **반죽** – 쇼트닝을 제외한 모든 재료를 넣고 믹싱한 다음, 클린업 단계가 되면 쇼트닝을 넣고 최종단계까지 믹싱하여 반죽온도(27℃)를 맞춘다.

3. **1차 발효** – 온도 27℃ 습도 75~80%에서 40~50분 정도 발효한다.

4. **분할, 둥글리기, 중간발효** – 1차 발효가 끝난 반죽은 50g씩 분할하여 둥글리기 하고 비닐을 덮어 중간발효를 한다.(10~15분)

5. **정형** – 손으로 굴려 밀어 펴기 좋은 상태로 준비한 다음, 길게 늘려 가스를 빼고 8자 모양, 달팽이 모양으로 각각 성형한다.

6. **2차 발효** – 온도 35~40℃ 습도 85~90%에서 30~40분 정도 발효한다.

7. **굽기** – 윗불 200℃ 아랫불 170℃에서 10~15분 정도 굽는다.

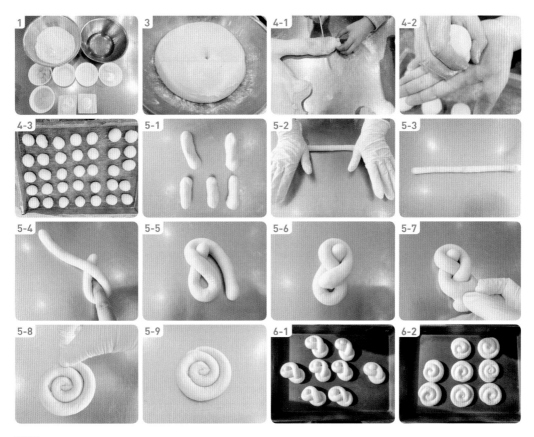

Memo

● 반죽을 밀어펼 때 일정한 굵기로 신속하게 밀어펴 반죽의 길이를 조정한다.

● 밑면의 색이 진하지 않도록 구움색에 유의한다.

 시험시간
3시간

단팥빵 비상스트레이트법

요구사항 다음 요구사항대로 단팥빵(비상스트레이트법)을 제조하여 제출하시오.

① 배합표의 각 재료를 계량하여 재료별로 진열하시오.(9분)

② 반죽은 비상스트레이트법으로 제조하시오.(단, 유지는 클린업 단계에서 첨가하고, 반죽온도는 30℃로 한다.)

③ 반죽 1개의 분할무게는 50g, 팥앙금무게는 40g으로 제조하시오.

④ 반죽은 24개를 성형하여 제조하고, 남은 반죽은 감독위원의 지시에 따라 별도로 제출하시오.

재료명	비율(%)	무게(g)
강력분(Hard flour)	100	900
물(Water)	48	432
이스트(Fresh yeast)	7	63(64)
제빵개량제(S-500)	1	9(8)
소금(Salt)	2	18
설탕(Sugar)	16	144
마가린(Margarine)	12	108

재료명	비율(%)	무게(g)
분유(Dry milk)	3	27(28)
달걀(Egg)	15	135(136)
계	204	1,836 (1,838)

재료명	비율(%)	무게(g)
통팥앙금(충전용)	–	1,440

※ 충전용 재료는 계량시간에서 제외

만드는 법

1. **계량** – 재료를 정확하게 계량한다.

2. **믹싱** – 마가린을 제외한 모든 재료를 넣고 믹싱한 다음, 클린업 단계가 되면 마가린을 넣고 최종단계 후반까지 믹싱하여 반죽온도(30℃)를 맞춰준다.

3. **1차 발효** – 비상 반죽법으로 온도 27℃ 습도 75~80%에서 30분 정도 짧게 발효한다. 발효가 진행되는 동안 팥 앙금을 미리 분할해 둔다.(40g씩)

4. **분할, 둥글리기, 중간발효** – 반죽은 50g씩 분할하여 둥글리기 하고 비닐을 덮어 중간발효를 한다.(10~15분)

5. **성형**

   ㄱ. 손으로 눌러 가스를 빼고 헤라를 이용하여 앙금을 넣는다.

   ㄴ. 이음매를 잘 봉해 준 다음, 목란으로 중앙을 누르고 헤라로 11자로 자국을 낸다.

   ㄷ. 달걀물이 묻은 붓으로 밀가루를 털어내면서 바른다.

6. **2차 발효** – 온도 35~40℃ 습도 85~90%에서 30~40분 정도 발효한다.

7. **굽기** – 윗불 200℃ 아랫불 170℃에서 10~15분 정도 굽는다.

👨‍🍳 **Memo**

- 팥앙금이 반죽의 중앙에 위치할 수 있도록 성형한다.(반죽이 들뜨지 않고 고른 색상과 모양 유지)
- 헤라를 손으로 잡고 성형하는 것이 위생상 좋다.

 시험시간
3시간 30분

크림빵

요구사항 다음 요구사항대로 크림빵을 제조하여 제출하시오.

① 배합표의 각 재료를 계량하여 재료별로 진열하시오.(9분)

② 반죽은 스트레이트법으로 제조하시오.(단, 유지는 클린업 단계에서 첨가하시오.)

③ 반죽온도는 27℃를 표준으로 하시오.

④ 반죽 1개의 분할무게는 45g, 1개당 크림 사용량은 30g으로 제조하시오.

⑤ 제품 중 12개는 크림을 넣은 후 굽고, 12개는 반달형으로 크림을 충전하지 말고 제조하시오.

⑥ 남은 반죽은 감독위원의 지시에 따라 별도로 제출하시오.

재료명	비율(%)	무게(g)
강력분(Hard flour)	100	800
물(Water)	53	424
이스트(Fresh yeast)	4	32
제빵개량제(S-500)	2	16
소금(Salt)	2	16
설탕(Sugar)	16	128
쇼트닝(Shortening)	12	96

재료명	비율(%)	무게(g)
분유(Dry milk)	2	16
달걀(Egg)	10	80
계	201	1,608

재료명	무게(g)
커스터드 크림(Custard cream)(1개당 30g)	360

※ 충전용 재료는 계량시간에서 제외

만드는 법

1. **계량** – 재료를 정확하게 계량한다.

2. **반죽** – 쇼트닝을 제외한 모든 재료를 넣고 믹싱한 다음, 클린업 단계가 되면 쇼트닝을 넣고 최종단계까지 믹싱하여 반죽온도(27℃)를 맞춰준다.

3. **1차 발효** – 온도 27℃ 습도 75~80%에서 40~50분 정도 발효한다.

4. **분할, 둥글리기, 중간발효** – 1차 발효가 끝난 반죽은 46g씩 분할하여 둥글리기 하고 비닐을 덮어 중간발효를 한다.(10~15분)

5. **정형**

　ㄱ. 밀대로 타원형으로 밀어 포개어 놓고 12개는 크림을 30g씩 충전해서 스트래퍼로 칼집을 내어 성형한다.

　ㄴ. 12개는 붓에 기름을 묻혀 겹쳐 놓은 반죽에 발라서 반으로 접는다. (크림을 충전하지 않는다.)

6. **2차 발효** – 온도 35~40℃ 습도 85~90%에서 30~40분 정도 발효한다.

7. **굽기** – 윗불 200℃ 아랫불 170℃에서 10~15분 정도 굽는다.

Memo

● 크림을 충전할 때 중앙에 놓고 흘러 넘치지 않게 유의하여 성형한다.

● 크림의 농도에 유의한다.

 시험시간
3시간 30분 | # 스위트롤

요구사항 다음 요구사항대로 스위트롤을 제조하여 제출하시오.

① 배합표의 각 재료를 계량하여 재료별로 진열하시오.(9분)

② 반죽은 스트레이트법으로 제조하시오.(단, 유지는 클린업 단계에 첨가하시오.)

③ 반죽온도는 27℃를 표준으로 하시오.

④ 야자잎형 12개, 트리플리프(세 잎새형) 9개를 만드시오.

⑤ 계피설탕은 각자가 제조하여 사용하시오.

⑥ 성형 후 남은 반죽은 감독위원의 지시에 따라 별도로 제출하시오.

재료명	비율(%)	무게(g)
강력분(Hard flour)	100	900
물(Water)	46	414
이스트(Fresh yeast)	5	45(46)
제빵개량제(S-500)	1	9(10)
소금(Salt)	2	18
설탕(Sugar)	20	180
쇼트닝(Shortening)	20	180

재료명	비율(%)	무게(g)
분유(Dry milk)	3	27(28)
달걀(Egg)	15	135(136)
계	212	1,908 (1,912)

충전용

재료명	비율(%)	무게(g)
설탕(Sugar)	15	135(136)
계핏가루(Cinnamon powder)	1.5	13.5(14)

※ 충전용 재료는 계량시간에서 제외

만드는 법

1. **계량** – 재료를 정확하게 계량한다.
2. **반죽** – 쇼트닝을 제외한 모든 재료를 넣고 믹싱한 다음, 클린업 단계가 되면 쇼트닝을 넣고 최종단계까지 믹싱하여 반죽온도(27℃)를 맞춰준다.
3. **1차 발효** – 온도 27℃ 습도 75~80%에서 40~50분 정도 발효한다.
4. **분할** – 1차 발효가 끝난 반죽은 두 덩어리로 분할하여 중간발효 없이 정형한다.
5. **정형**

   ㄱ. 반죽을 가로세로 35×40cm 직사작형으로 밀어 편 다음, 녹인 버터나 달걀물을 가장자리 1cm를 제외하고 바른다.

   ㄴ. 충전용 설탕과 계피를 섞어 골고루 뿌려준 다음, 단단하게 말아준다.

   ㄷ. 이음매가 바닥으로 가도록 한 후에 약 4cm 길이로 잘라 야자잎 모양으로 12개 성형한다.

   ㄹ. 5cm 길이로 잘라 트리플리프 모양으로 9개 성형한다.

6. **2차 발효** – 온도 35~40℃ 습도 85~90%에서 20~30분 정도 발효한다.
7. **굽기** – 윗불 200℃ 아랫불 170℃에서 15~20분 정도 굽는다.

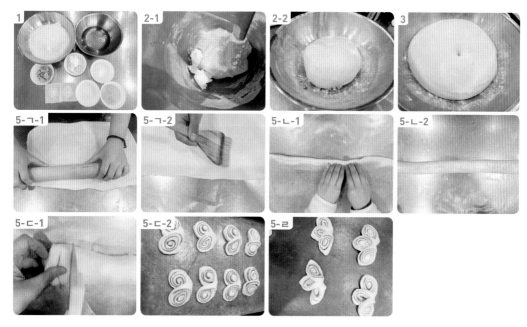

🧑‍🍳 **Memo**

● 과발효가 되면 모양을 유지하기 어렵다. (과발효에 유의)

● 일정한 두께와 크기로 밀어 펴야 비슷한 크기로 성형할 수 있다. (굽는 시간, 발효시간 동일)

모카빵

요구사항 다음 요구사항대로 모카빵을 제조하여 제출하시오.

① 배합표의 빵 반죽 재료를 계량하여 재료별로 진열하시오. (11분)

② 반죽은 스트레이트법으로 제조하시오.(단, 유지는 클린 업 단계에서 첨가하시오.)

③ 반죽온도는 27℃를 표준으로 하시오.

④ 반죽 1개의 분할무게는 250g, 1개당 비스킷은 100g씩

으로 제조하시오.

⑤ 제품의 형태는 타원형(럭비공 모양)으로 제조하시오.

⑥ 토핑용 비스킷은 주어진 배합표에 의거 직접 제조하시오.

⑦ 완제품 6개를 제출하고 남은 반죽은 감독위원 지시에 따라 별도로 제출하시오.

빵 반죽

재료명	비율(%)	무게(g)
강력분(Hard flour)	100	850
물(Water)	45	382.5(382)
이스트(Fresh yeast)	5	42.5(42)
제빵개량제(S-500)	1	8.5(8)
소금(Salt)	2	17(16)
설탕(Sugar)	15	127.5(128)
버터(Butter)	12	102
탈지분유(Dry milk)	3	25.5(26)
달걀(Egg)	10	85(86)
커피(Coffee)	1.5	12.75(12)
건포도(Raisin)	15	127.5(128)
계	209.5	1,780.75 (1,780)

토핑용 비스킷

재료명	비율(%)	무게(g)
박력분(Soft flour)	100	350
버터(Butter)	20	70
설탕(Sugar)	40	140
달걀(Egg)	24	84
우유(Milk)	12	42
베이킹파우더(Baking powder)	1.5	5.25(5)
소금(Salt)	0.6	2.1(2)
계	198.1	693.35 (693)

만드는 법

1. **계량** – 재료를 정확하게 계량한다.
2. **전처리** – 건포도는 미리 물에 담갔다가 체에 밭쳐 물기를 제거한다.
3. **반죽** – 버터를 제외한 모든 재료를 넣고 믹싱한 다음, 클린업 단계가 되면 버터를 넣고 최종단계까지 믹싱한다. 그다음에 물기를 제거한 건포도에 약간의 밀가루를 섞어 반죽에 넣고 저속으로 믹싱하여 건포도가 골고루 혼합되도록 한다. (반죽온도 27℃) ※ 87p 참조
4. **1차 발효** – 온도 27℃ 습도 75~80%에서 40~50분 정도 한다.
5. **토핑 비스킷 제조**
   ㄱ. 볼에 버터를 넣고 거품기로 부드럽게 풀다가 설탕과 소금을 넣고 풀어준다.
   ㄴ. 달걀을 조금씩 넣어 크림화하고 체질한 가루

재료(박력분, 베이킹파우더)를 넣고 글루텐이 형성되지 않도록 주의하며 주걱으로 섞은 다음, 우유를 넣고 섞는다.
   ㄷ. 가루가 보이지 않게 섞어 비닐에 담아 냉장에서 휴지한다.
6. **분할, 둥글리기, 중간발효** – 반죽을 250g씩 분할하여 둥글리기 한 후 10~20분간 중간 발효한다. 토핑용 쿠키 반죽도 100g씩 분할해 둔다.
7. **정형**
   ㄱ. 반죽을 밀대로 밀어 펴서 아랫부분을 넓게 펼친 다음, 위에서 아래로 말아 이음매를 터지지 않게 봉한다.
   ㄴ. 쿠키반죽은 손으로 살짝 치대어 밀대로 민 다음, 반죽 위에 덮어 패닝한다.
8. **2차 발효** – 온도 35~40℃ 습도 85~90%에서 30~40분 정도 발효한다.
9. 윗불 200℃ 아랫불 170℃에서 20~25분간 굽는다.

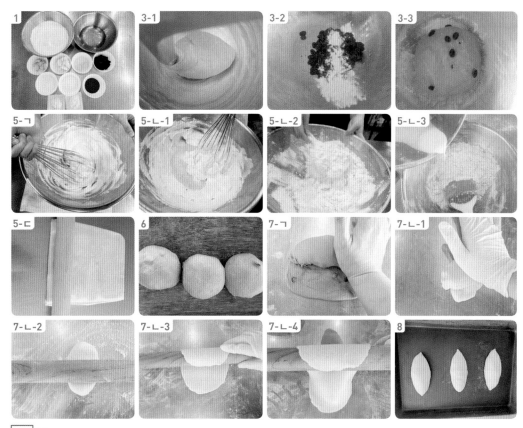

🍳 **Memo**

● 둥글리기 할 때 건포도가 올라오지 않게 유의한다.

● 옆면까지 색상이 나도록 구움색에 유의한다. (토핑 비스킷이 밑바닥 끝에만 감싸지도록 성형한다.)

시험시간
3시간 30분 | # 소보로빵

요구사항 다음 요구사항대로 소보로빵을 제조하여 제출하시오.

① 빵 반죽 재료를 계량하여 재료별로 진열하시오.(9분)
② 반죽은 스트레이트법으로 제조하시오.(단, 유지는 클린업 단계에서 첨가하시오.)
③ 반죽온도는 27℃를 표준으로 하시오.
④ 반죽 1개의 분할무게는 50g씩, 1개당 소보로 사용량은 약 30g 정도로 제조하시오.

⑤ 토핑용 소보로는 배합표에 따라 직접 제조하여 사용하시오.
⑥ 반죽은 24개를 성형하여 제조하고, 남은 반죽과 토핑용 소보로는 감독위원의 지시에 따라 별도로 제출하시오.

빵 반죽

재료명	비율(%)	무게(g)
강력분(Hard flour)	100	900
물(Water)	47	423(422)
이스트(Fresh yeast)	4	36
제빵개량제(S-500)	1	9(8)
소금(Salt)	2	18
마가린(Margarine)	18	162
탈지분유(Dry milk)	2	18
달걀(Egg)	15	135(136)
설탕(Sugar)	16	144
계	205	1,845 (1,844)

토핑용 소보로

재료명	비율(%)	무게(g)
중력분(Soft flour)	100	300
설탕(Sugar)	60	180
마가린(Margarine)	50	150
땅콩버터(Peanut butter)	15	45(46)
달걀(Egg)	10	30
물엿(Corn syrup)	10	30
탈지분유(Dry milk)	3	9(10)
베이킹파우더(Baking powder)	2	6
소금(Salt)	1	3
계	251	753

※ 충전용 재료는 계량시간에서 제외

만드는 법

1. **계량** – 재료 계량을 정확하게 한다.

2. **반죽** – 마가린을 제외한 모든 재료를 넣고 믹싱한 다음, 클린업 단계가 되면 마가린을 넣고 최종단계까지 믹싱하여 반죽온도(27℃)를 맞춰준다.

3. **1차 발효** – 온도 27℃ 습도 75~80%에서 40~50분 정도 발효한다.

4. 1차 발효가 진행되는 동안 토핑용 소보로를 제조한다.

   ㄱ. 볼에 버터를 넣고 거품기로 부드럽게 푼 다음, 설탕과 소금, 물엿을 넣고 풀어준다.

   ㄴ. 달걀을 한 번에 넣어 섞일 정도만 크림화하고(크림화가 지나칠 경우 토핑이 질어져 뭉칠 수 있다.) 체질한 가루재료(중력분, 탈지분유, 베이킹파우더)를 넣고 주걱으로 가볍게 혼합한다.

5. **분할, 둥글리기, 중간발효** – 반죽을 50g씩 분할하여 둥글리기 한 후 10~20분간 중간 발효한다.

6. **정형**

   ㄱ. 둥글리기 하여 가스를 빼고 준비 해 둔 물에 담가 토핑용 소보로를 묻혀 손으로 눌러 모양을 잡아 전체 무게를 80g으로 맞춘다.

7. **2차 발효** – 온도 35~40℃ 습도 85~90%에서 30~40분 정도 발효한다.

8. **굽기** – 윗불 200℃ 아랫불 170℃에서 10~15분 정도 굽는다.

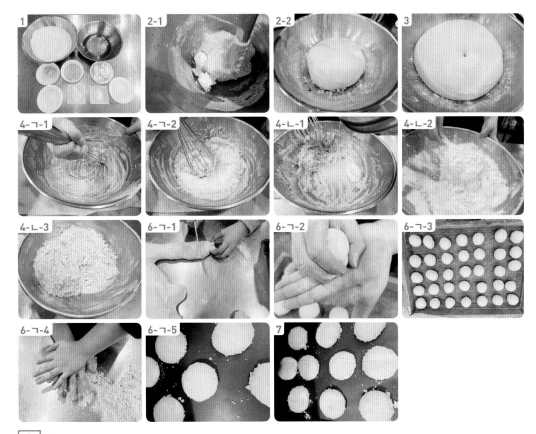

🧑‍🍳 **Memo**

● 토핑용 소보로는 크림법으로, 크림이 너무 부드러우면 질어져서 서로 뭉쳐 갈라지지 않으므로 유의한다.

하 디 빵 류

학습내용	평가항목	성취수준		
		상	중	하
재료계량	작업지시서에 따라 배합표를 점검할 수 있다.			
	작업지시서에 따라 재료를 준비할 수 있다.			
	작업지시서에 따라 재료를 계량할 수 있다.			
	작업지시서에 따라 정확한 계량여부를 확인할 수 있다.			
스트레이트법 반죽 온도 계산	스트레이트 반죽 시 작업 지시서에 따라 사용수의 온도를 조절할 수 있다.			
스트레이트법 반죽	스트레이트 반죽 시 제품 특성에 따라 반죽기의 속도를 조절할 수 있다.			
	스트레이트 반죽 완료 시 제품 특성에 따라 반죽 정도의 적절성을 점검할 수 있다.			
	다양한 제품 반죽 제조 시 작업지시서의 규격에 따른 해당제품 반죽의 품질을 점검할 수 있다.			
1차 발효	1차 발효 시 반죽 온도의 차이에 따라 발효시간을 조절할 수 있다.			
	1차 발효 시 조건에 따라 발효시간을 조절할 수 있다.			
	1차 발효 시 제품 특성에 따라 발효 완료점을 찾을 수 있다.			
반죽 분할, 둥글리기	반죽 분할 시 제품 특성에 따라 신속, 정확하게 분할할 수 있다.			
	반죽 둥글리기 시 반죽 크기와 반죽 상태를 고려하여 둥글리기 할 수 있다.			
중간 발효	중간 발효 시 제품 특성에 따라 실온 또는 발효기에서 발효할 수 있다.			
	중간 발효 시 반죽의 간격을 유지하여 중간 발효할 수 있다.			
	중간 발효 시 반죽이 마르지 않도록 관리할 수 있다.			
	중간 발효 시 제품 특성에 따라 중간 발효 시간을 조절할 수 있다.			
반죽, 성형, 패닝	제품 특성에 따라 모양을 만들 수 있다.			
	제품 특성에 따라 충전물과 토핑물을 이용할 수 있다.			
	발효 상태와 사용할 팬을 고려하여 패닝할 수 있다.			
2차 발효	2차 발효 시 제품별 발효 조건에 맞게 발효할 수 있다.			
	2차 발효 시 반죽 분할량과 성형 모양에 따라 발효 완료점을 확인할 수 있다.			
	2차 발효 시 오븐 조건에 따라 2차 발효를 조절할 수 있다.			
반죽 굽기	굽기 시 제품 특성에 따라 발효 상태, 충전물, 반죽물성에 적합한 굽는 온도와 시간을 결정할 수 있다.			
	굽기 시 반죽의 발효 상태와 토핑물의 종류를 고려하여 굽기를 할 수 있다.			

 시험시간
3시간 30분 | # 호밀빵

요구사항 다음 요구사항대로 호밀빵을 제조하여 제출하시오.

① 배합표의 각 재료를 계량하여 재료별로 진열하시오.(10분)

② 반죽은 스트레이트법으로 제조하시오.

③ 반죽온도는 25℃를 표준으로 하시오.

④ 표준분할무게는 330g으로 하시오.

⑤ 제품의 형태는 타원형(럭비공 모양)으로 제조하고, 칼집모양을 가운데 일자로 내시오.

⑥ 반죽은 전량을 사용하여 성형하시오.

재료명	비율(%)	무게(g)	재료명	비율(%)	무게(g)
강력분(Hard flour)	70	770	쇼트닝(Shortening)	5	55(56)
호밀가루(Rye flour)	30	330	탈지분유(Dry milk)	2	22
이스트(Fresh yeast)	3	33	몰트액(Malt extract)	2	22
제빵개량제(S-500)	1	11(12)	계	178~183	1,958~2,016
물(Water)	60~65	660~715			
소금(Salt)	2	22			
황설탕(Brown sugar)	3	33(34)			

만드는 법

1. **계량** – 재료 계량을 정확하게 한다.

2. **반죽** – 쇼트닝을 제외한 모든 재료를 넣고 믹싱한 다음, 클린업 단계가 되면 쇼트닝을 넣고 발전단계까지 믹싱하여 반죽온도(25℃)를 맞춰준다.

3. **1차 발효** – 온도 27℃ 습도 75~80%에서 60~70분 정도 발효한다.

4. **분할, 둥글리기, 중간발효** – 330g씩 분할한 다음, 둥글리기 하여 실온에서 10~20분 정도 중간발효 한다.

5. **정형**

   ㄱ. 밀대로 반죽을 밀어 편 후 위에서부터 말아 이음매를 터지지 않게 봉한다.

6. **2차 발효** – 온도 35~40℃ 습도 85~90%에서 30~40분 정도 발효한 후 표면을 살짝 건조시켜 가운데 칼집을 내어 스프레이를 뿌린다.

7. **굽기** – 윗불 200℃ 아랫불 170℃에서 20~25분간 굽는다.

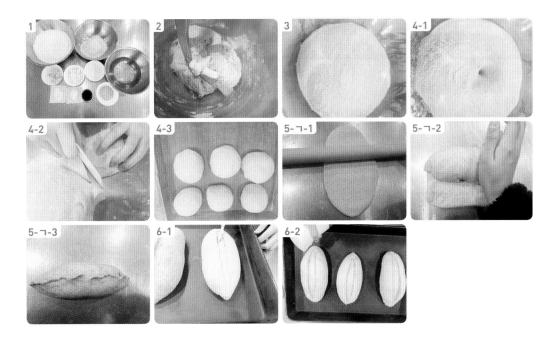

Memo

● 칼집 낸 곳에 물을 분사하면 터짐이 자연스럽고 옆면 터짐도 막는다.

 시험시간
3시간 30분 | # 통밀빵

요구사항 다음 요구사항대로 통밀빵을 제조하여 제출하시오.

① 배합표의 각 재료를 계량하여 재료별로 진열하시오.(10분).(단, 토핑용 오트밀은 계량 시간에서 제외한다.)

② 반죽은 스트레이트법으로 제조하시오.

③ 반죽온도는 25℃를 표준으로 하시오.

④ 표준 분할무게는 200g으로 하시오.

⑤ 제품의 형태는 밀대(봉)형(22~23cm)으로 제조하고, 표면에 물을 발라 오트밀을 보기 좋게 적당히 묻히시오.

⑥ 8개를 성형하여 제출하고 남은 반죽은 감독위원의 지시에 따라 별도로 제출하시오.

재료명	비율(%)	무게(g)		재료명	비율(%)	무게(g)
강력분(Hard flour)	80	800		버터(Butter)	7	70
통밀가루(Whole wheat flour)	20	200		탈지분유(Dry milk)	2	20
이스트(Fresh yeast)	2.5	25(24)		몰트액(Malt extract)	1.5	15(14)
제빵개량제(S-500)	1	10		계	181.5~183.5	1,812~1,835
물(Water)	63~65	630~650				
소금(Salt)	1.5	15(14)		재료명	비율(%)	무게(g)
설탕(Sugar)	3	30		(토핑용) 오트밀	–	200g

※ 토핑용 재료는 계량시간에서 제외

1. **계량** – 재료 계량을 정확하게 한다.

2. **반죽** – 버터를 제외한 모든 재료를 넣고 믹싱한 다음, 클린업 단계가 되면 쇼트닝을 넣고 발전단계까지 믹싱하여 반죽온도(25℃)를 맞춰준다.

3. **1차 발효** – 온도 27℃ 습도 75~80%에서 40~50분 정도 발효한다.

4. **분할, 둥글리기, 중간발효** – 200g씩 분할한 다음, 실온에서 10~20분 정도 중간발효 한다.

5. **정형**

   ㄱ. 밀대로 반죽을 밀어 펴서 3겹접기 한 다음, 밀대 모양으로 말아 이음매를 터지지 않게 봉한다.

   ㄴ. 길이를 22~23cm로 맞추어 성형한 다음, 붓에 물을 발라 오트밀을 골고루 묻힌다.

6. **2차 발효** – 온도 35~40℃ 습도 85~90%에서 30~40분 정도 발효한 다음, 반죽 옆면에 물을 분사한다. (터짐 방지)

7. **굽기** – 윗불 200℃ 아랫불 170℃에서 15~20분간 굽는다.

🍳 **Memo**

● 굽기 직전에 반죽 옆면에 물을 분사하면 옆면 터짐을 방지한다.

● 전체적으로 황금갈색이 나도록 구움색에 유의한다.

조 리 빵 류

학습내용	평가항목	성취수준		
		상	중	하
재료계량	작업지시서에 따라 배합표를 점검할 수 있다.			
	작업지시서에 따라 재료를 준비할 수 있다.			
	작업지시서에 따라 재료를 계량할 수 있다.			
	작업지시서에 따라 정확한 계량여부를 확인할 수 있다.			
스트레이트법 반죽 온도 계산	스트레이트 반죽 시 작업 지시서에 따라 사용수의 온도를 조절할 수 있다.			
스트레이트법 반죽	스트레이트 반죽 시 제품 특성에 따라 반죽기의 속도를 조절할 수 있다.			
	스트레이트 반죽 완료 시 제품 특성에 따라 반죽 정도의 적절성을 점검할 수 있다.			
	다양한 제품 반죽 제조 시 작업지시서의 규격에 따른 해당제품 반죽의 품질을 점검할 수 있다.			
1차 발효	1차 발효 시 반죽 온도의 차이에 따라 발효시간을 조절할 수 있다.			
	1차 발효 시 조건에 따라 발효시간을 조절할 수 있다.			
	1차 발효 시 제품 특성에 따라 발효 완료점을 찾을 수 있다.			
반죽 분할, 둥글리기	반죽 분할 시 제품 특성에 따라 신속, 정확하게 분할할 수 있다.			
	반죽 둥글리기 시 반죽 크기와 반죽 상태를 고려하여 둥글리기 할 수 있다.			
중간 발효	중간 발효 시 제품 특성에 따라 실온 또는 발효기에서 발효할 수 있다.			
	중간 발효 시 반죽의 간격을 유지하여 중간 발효할 수 있다.			
	중간 발효 시 반죽이 마르지 않도록 관리할 수 있다.			
	중간 발효 시 제품 특성에 따라 중간 발효 시간을 조절할 수 있다.			
반죽, 성형, 패닝	제품 특성에 따라 모양을 만들 수 있다.			
	제품 특성에 따라 충전물과 토핑물을 이용할 수 있다.			
	발효 상태와 사용할 팬을 고려하여 패닝할 수 있다.			
2차 발효	2차 발효 시 제품별 발효 조건에 맞게 발효할 수 있다.			
	2차 발효 시 반죽 분할량과 성형 모양에 따라 발효 완료점을 확인할 수 있다.			
	2차 발효 시 오븐 조건에 따라 2차 발효를 조절할 수 있다.			
반죽 굽기	굽기 시 제품 특성에 따라 발효 상태, 충전물, 반죽물성에 적합한 굽는 온도와 시간을 결정할 수 있다.			
	굽기 시 반죽의 발효 상태와 토핑물의 종류를 고려하여 굽기를 할 수 있다.			

소시지빵

요구사항 다음 요구사항대로 소시지빵을 제조하여 제출하시오.

① 반죽 재료를 계량하여 재료별로 진열하시오.(10분)(토핑 및 충전물 재료의 계량은 휴지시간을 활용하시오.)

② 반죽은 스트레이트법으로 제조하시오.

③ 반죽온도는 27℃를 표준으로 하시오.

④ 반죽 분할무게는 70g씩 분할하시오.

⑤ 완제품(토핑 및 충전물 완성)은 12개 제조하여 제출하고 남은 반죽은 감독위원이 지정하는 장소에 따로 제출하시오.

⑥ 충전물은 발효시간을 활용하여 제조하시오.

⑦ 정형 모양은 낙엽 모양 6개와 꽃잎 모양 6개씩 2가지로 만들어서 제출하시오.

반죽

재료명	비율(%)	무게(g)
강력분(Hard flour)	80	560
중력분(Soft flour)	20	140
생이스트(Fresh yeast)	4	28
제빵개량제(S-500)	1	6
소금(Salt)	2	14
설탕(Sugar)	11	76
마가린(Margarine)	9	62
탈지분유(Dry milk)	5	34
달걀(Egg)	5	34

재료명	비율(%)	무게(g)
물(Water)	52	364
계	189	1,318

토핑ㆍ충전물(계량시간에서 제외)

재료명	비율(%)	무게(g)
프랑크소시지(Franck sausage)	100	480
양파(Onion)	72	336
마요네즈(Mayonnaise)	34	158
피자치즈(Pizza cheese)	22	102
케첩(Ketchup)	24	112
계	252	1,188

1. **계량** – 재료 계량을 정확하게 한다. (양파는 다져서 준비)
2. **반죽** – 버터를 제외한 모든 재료를 넣고 믹싱한 다음, 클린업 단계가 되면 버터를 넣고 최종단계까지 믹싱하여 반죽온도(27℃)를 맞춰준다. ※ 87p 참조
3. **1차 발효** – 온도 27℃ 습도 75~80%에서 40~50분 정도 발효한다.
4. **분할, 둥글리기, 중간 발효** – 70g씩 분할한 후 둥글리기 하여 실온에서 10~20분 정도 중간발효 한다.
5. **정형**

   ㄱ. 밀대를 이용하여 밀어 편 다음, 소시지를 가운데 넣고 이음매를 잘 봉하여 준다.

   ㄴ. 낙엽모양(가위를 살짝 기울여 잎을 9개 정도 잘라 오른쪽–왼쪽 교차로 뒤집어 펼친다.).

   ㄷ. 꽃잎모양(가위를 90°로 세워서 가운데를 기준으로 세 번씩 잘라 8개를 차례로 펼친다.)
6. **2차 발효** – 온도 35~40℃ 습도 85~90%에서 20~30분 정도 발효한다.
7. 다진 양파에 마요네즈를 혼합한 다음, 발효가 된 제품에 골고루 올리고 치즈, 케첩 순으로 뿌린다.(케첩을 토핑 중심으로 뿌려 준다. 빵 위에 케첩을 뿌릴 경우 케첩이 타서 제품이 지저분해 보일 수 있음)
8. **굽기** – 윗불 210℃ 아랫불 180℃에서 10~15분간 굽는다.

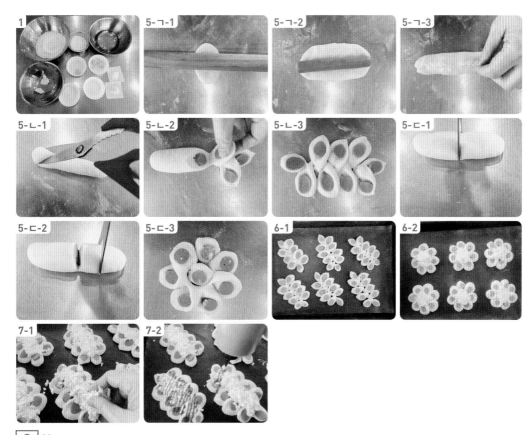

🧑‍🍳 **Memo**

● 다진 양파를 마요네즈에 미리 버무려 두면 물이 생기므로 2차 발효에 들어가서 버무려 둔다.

● 양파와 치즈는 소시지가 2/3 정도만 덮이도록 올린다.

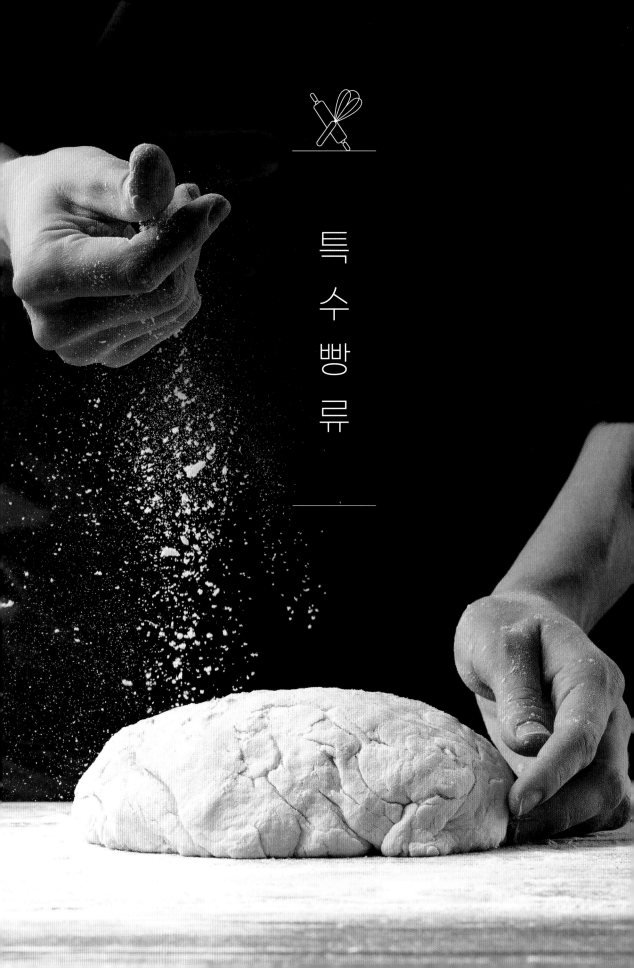

특 수 빵 류

학습내용	평가항목	성취수준		
		상	중	하
재료계량	작업지시서에 따라 배합표를 점검할 수 있다.			
	작업지시서에 따라 재료를 준비할 수 있다.			
	작업지시서에 따라 재료를 계량할 수 있다.			
	작업지시서에 따라 정확한 계량여부를 확인할 수 있다.			
스트레이트법 반죽 온도 계산	스트레이트 반죽 시 작업 지시서에 따라 사용수의 온도를 조절할 수 있다.			
스트레이트법 반죽	스트레이트 반죽 시 제품 특성에 따라 반죽기의 속도를 조절할 수 있다.			
	스트레이트 반죽 완료 시 제품 특성에 따라 반죽 정도의 적절성을 점검할 수 있다.			
	다양한 제품 반죽 제조 시 작업지시서의 규격에 따른 해당제품 반죽의 품질을 점검할 수 있다.			
1차 발효	1차 발효 시 반죽 온도의 차이에 따라 발효시간을 조절할 수 있다.			
	1차 발효 시 조건에 따라 발효시간을 조절할 수 있다.			
	1차 발효 시 제품 특성에 따라 발효 완료점을 찾을 수 있다.			
반죽 분할, 둥글리기	반죽 분할 시 제품 특성에 따라 신속, 정확하게 분할할 수 있다.			
	반죽 둥글리기 시 반죽 크기와 반죽 상태를 고려하여 둥글리기 할 수 있다.			
중간 발효	중간 발효 시 제품 특성에 따라 실온 또는 발효기에서 발효할 수 있다.			
	중간 발효 시 반죽의 간격을 유지하여 중간 발효할 수 있다.			
	중간 발효 시 반죽이 마르지 않도록 관리할 수 있다.			
	중간 발효 시 제품 특성에 따라 중간 발효 시간을 조절할 수 있다.			
반죽, 성형, 패닝	제품 특성에 따라 모양을 만들 수 있다.			
	제품 특성에 따라 충전물과 토핑물을 이용할 수 있다.			
	발효 상태와 사용할 팬을 고려하여 패닝할 수 있다.			
2차 발효	2차 발효 시 제품별 발효 조건에 맞게 발효할 수 있다.			
	2차 발효 시 반죽 분할량과 성형 모양에 따라 발효 완료점을 확인할 수 있다.			
	2차 발효 시 오븐 조건에 따라 2차 발효를 조절할 수 있다.			
반죽 튀김	튀기기 시 반죽의 발효 상태를 고려하여 튀김온도와 시간을 조절할 수 있다.			
	튀기기 시 제품 특성에 따라 모양과 색상을 균일하게 튀겨 낼 수 있다.			

시험시간
3시간

빵도넛

요구사항 다음 요구사항대로 빵도넛을 제조하여 제출하시오.

① 배합표의 각 재료를 계량하여 재료별로 진열하시오.(12분)

② 반죽을 스트레이트법으로 제조하시오.(단, 유지는 클린업 단계에서 첨가하시오.)

③ 반죽온도는 27℃를 표준으로 하시오.

④ 분할무게는 46g씩으로 하시오.

⑤ 모양은 8자형 22개와 트위스트형(꽈배기형) 22개로 만드시오.(남은 반죽은 감독위원의 지시에 따라 별도로 제출하시오.)

재료명	비율(%)	무게(g)
강력분(Hard flour)	80	880
박력분(Soft flour)	20	220
설탕(Sugar)	10	110
쇼트닝(Shortening)	12	132
소금(Salt)	1.5	16.5(16)
탈지분유(Dry milk)	3	33(32)
이스트(Fresh yeast)	5	55(56)

재료명	비율(%)	무게(g)
제빵개량제(S-500)	1	11(10)
바닐라향(Vanilla powder)	0.2	2.2(2)
달걀(Egg)	15	165(164)
물(Water)	46	506
넛메그(Netmeg)	0.2	2.2(2)
계	194	2,132.9 (2,130)

1. **계량** – 재료 계량을 정확하게 한다.

2. **반죽** – 쇼트닝을 제외한 모든 재료를 넣고 믹싱한 다음, 클린업 단계가 되면 쇼트닝을 넣고 최종단계까지 믹싱하여 반죽온도(27℃)를 맞춰준다. ※ 87p 참조

3. **1차 발효** – 온도 27℃ 습도 75~80%에서 40~50분 정도 발효한다.

4. **분할, 둥글리기, 중간발효** – 46g씩 분할한 다음, 둥글리기 하여 실온에서 10~20분 정도 중간발효 한다.

5. **정형** – 반죽을 25~30cm 정도 늘려 8자형과 꽈배기형으로 성형한다.

   ㄱ. 8자형

   ㄴ. 꽈배기형(양쪽으로 엇갈려 꼬아 준다.)

6. **2차 발효** – 온도 35~40℃ 습도 75~80%에서 20~30분 정도 발효한다.

7. 2차 발효가 진행되는 동안 기름을 예열한 다음(약180℃) 표면을 살짝 건조하여 기름에 튀긴다.

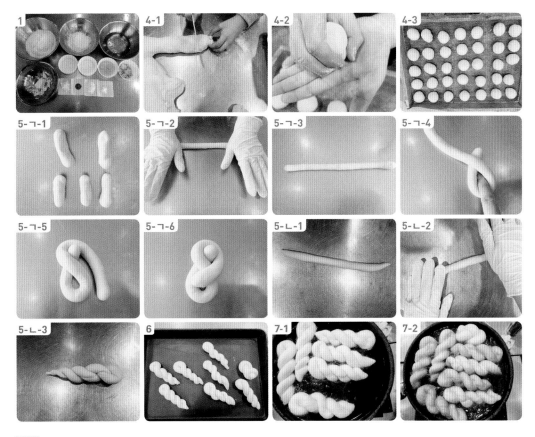

Memo

• 튀길 때 한 번만 뒤집어 옆에 경계선을 희게 한다.

• 2차 발효는 시간은 짧게, 습도는 낮게 한다.

기
타
빵
류

✎ 학습 평가

학습내용	평가항목	성취수준		
		상	중	하
재료계량	작업지시서에 따라 배합표를 점검할 수 있다.			
	작업지시서에 따라 재료를 준비할 수 있다.			
	작업지시서에 따라 재료를 계량할 수 있다.			
	작업지시서에 따라 정확한 계량여부를 확인할 수 있다.			
스트레이트법 반죽 온도 계산	스트레이트 반죽 시 작업 지시서에 따라 사용수의 온도를 조절할 수 있다.			
비상스트레이트법 반죽	비상스트레이트 반죽 시 지시서에 따라 사용수의 온도를 조절할 수 있다.			
	비상스트레이트 반죽 시 제품 특성에 따라 반죽기의 속도를 조절할 수 있다.			
	비상스트레이트 반죽 완료 시 제품 특성에 따라 반죽 정도의 적절성을 점검할 수 있다.			
1차 발효	1차 발효 시 반죽 온도의 차이에 따라 발효시간을 조절할 수 있다.			
	1차 발효 시 조건에 따라 발효시간을 조절할 수 있다.			
	1차 발효 시 제품 특성에 따라 발효 완료점을 찾을 수 있다.			
반죽 분할, 둥글리기	반죽 분할 시 제품 특성에 따라 신속, 정확하게 분할할 수 있다.			
	반죽 둥글리기 시 반죽 크기와 반죽 상태를 고려하여 둥글리기 할 수 있다.			
중간 발효	중간 발효 시 제품 특성에 따라 실온 또는 발효기에서 발효할 수 있다.			
	중간 발효 시 반죽의 간격을 유지하여 중간 발효할 수 있다.			
	중간 발효 시 반죽이 마르지 않도록 관리할 수 있다.			
	중간 발효 시 제품 특성에 따라 중간 발효 시간을 조절할 수 있다.			
반죽, 성형, 패닝	제품 특성에 따라 모양을 만들 수 있다.			
	제품 특성에 따라 충전물과 토핑물을 이용할 수 있다.			
	발효 상태와 사용할 팬을 고려하여 패닝할 수 있다.			
2차 발효	2차 발효 시 제품별 발효 조건에 맞게 발효할 수 있다.			
	2차 발효 시 반죽 분할량과 성형 모양에 따라 발효 완료점을 확인할 수 있다.			
	2차 발효 시 오븐 조건에 따라 2차 발효를 조절할 수 있다.			
반죽 굽기	굽기 시 제품 특성에 따라 발효 상태, 충전물, 반죽물성에 적합한 굽는 온도와 시간을 결정할 수 있다.			
	굽기 시 반죽의 발효 상태와 토핑물의 종류를 고려하여 굽기를 할 수 있다.			
다양한 익힘	다양한 익히기 시 제품 특성에 따라 익히는 방법을 결정할 수 있다.			
	다양한 익히기 시 제품 특성에 따라 온도와 시간을 조절할 수 있다.			
	다양한 익히기 시 제품의 크기와 생산량에 따라 용기의 용량을 조절할 수 있다.			

시험시간
3시간 30분 | # 베이글

요구사항 다음 요구사항대로 베이글을 제조하여 제출하시오.

① 배합표의 각 재료를 계량하여 재료별로 진열하시오.(7분)

② 반죽은 스트레이트법으로 제조하시오.

③ 반죽온도는 27℃를 표준으로 하시오.

④ 1개당 분할중량은 80g으로 하고 링 모양으로 정형하시오.

⑤ 반죽은 전량을 사용하여 성형하시오.

⑥ 2차 발효 후 끓는 물에 데쳐 패닝하시오.

⑦ 팬 2개에 완제품 16개를 구워 제출하고 남은 반죽은 감독위원의 지시에 따라 별도로 제출하시오.

재료명	비율(%)	무게(g)
강력분(Hard flour)	100	800
물(Water)	55~60	440~480
이스트(Fresh yeast)	3	24
제빵개량제(S-500)	1	8
소금(Salt)	2	16
설탕(Sugar)	2	16
식용유(Oil)	3	24
계	166~171	1,328~1,368

1. **계량** – 재료 계량을 정확하게 한다.

2. **반죽** – 모든 재료를 한 번에 넣고 발전단계가 될 때까지 믹싱하여 반죽온도(27℃)를 맞춰준다.

3. **1차 발효** – 온도 27℃ 습도 75~80%에서 40~50분 정도 발효한다.

4. **분할, 둥글리기, 중간발효** – 80g씩 분할한 다음, 둥글리기 하여 실온에서 10~20분 정도 중간발효 한다.

5. **정형**

   ㄱ. 밀대로 반죽을 길게 밀어 가스를 빼고 3겹접기를 한 다음, 반죽을 말아 손으로 이음매를 마무리한다.

   ㄴ. 일정한 두께의 밀대 모양이 되면 이음매가 위로 가도록 하여 끝부분을 밀대로 얇게 밀어 편 다음, 반대편 반죽을 올려 감싸 이음매를 봉합한다.

   ㄷ. 이음매가 아래로 가도록 한 후 균형을 맞추고 종이가 깔린 팬 위에 올린다.

6. **2차 발효** – 온도 35~40℃ 습도 85~90%에서 15~20분 정도 발효한다.

   2차 발효가 진행되는 동안 데칠 물을 준비하여 끓으면 물에 10~20초간 데친다.

7. **굽기** – 이음매가 아래로 가도록 패닝하여 윗불 210℃ 아랫불 180℃에서 15분 정도 굽는다.

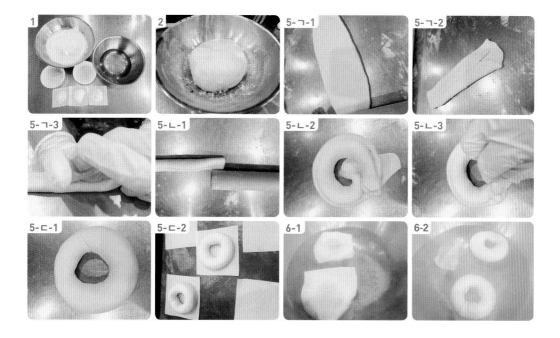

Memo

- 일반 빵에 비해서 2차 발효를 짧게 한다.

 시험시간
2시간 30분 | # 그리시니

요구사항 다음 요구사항대로 그리시니를 제조하여 제출하시오.

① 배합표의 각 재료를 계량하여 재료별로 진열하시오.(8분)

② 전 재료를 동시에 투입하여 믹싱하시오.(스트레이트법)

③ 반죽온도는 27℃를 기준으로 하시오.

④ 분할무게는 30g, 길이는 35~40cm로 성형하시오.

⑤ 반죽은 전량을 사용하여 성형하시오.

재료명	비율(%)	무게(g)
강력분(Hard flour)	100	700
설탕(Sugar)	1	7(6)
건조 로즈메리(Dry rosemary)	0.14	1(2)
소금(Salt)	2	14
이스트(Fresh yeast)	3	21(22)
버터(Butter)	12	84

재료명	비율(%)	무게(g)
올리브유(Olive oil)	2	14
물(Water)	62	434
계	182.14	1,275 (1,276)

만드는 법

1. **계량** – 재료 계량을 정확하게 한다.

2. **반죽** – 버터를 제외한 모든 재료를 넣고 믹싱한 다음, 클린업 단계가 되면 버터를 넣고 발전단계까지 믹싱하여 반죽온도(27℃)를 맞춰준다.

3. **1차 발효** – 온도 27℃ 습도 75~80%에서 30~40분 정도 발효한다.

4. **분할, 둥글리기, 중간발효** – 30g씩 분할한 다음, 둥글리기 하여 실온에서 10~20분 정도 중간발효 한다.

5. **정형**

   ㄱ. 여러 개씩 미리 짧게 밀어 펴 놓고 두세 번에 나눠 밀어 편다.

   ㄴ. 전체 반죽을 35~40cm 로 밀어 펴서 패닝한다.

6. **2차 발효** – 팬에 10~11개씩 패닝하여 온도 35~40℃ 습도 75~80%에서 15~20분 정도 발효한다.

7. **굽기** – 윗불 200℃ 아랫불 170℃에서 15~20분간 굽는다.

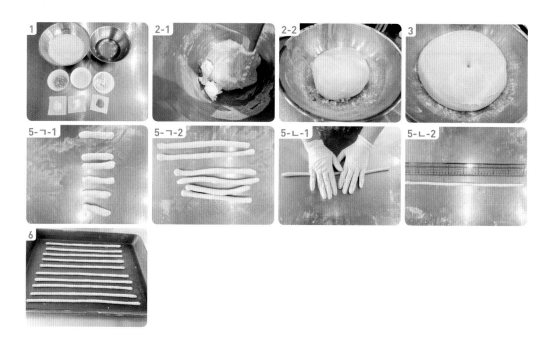

 Memo

- 발전단계까지만 믹싱을 한다. (질긴 식감 방지)
- 끝부분이 뾰족하지 않도록 성형에 유의한다.

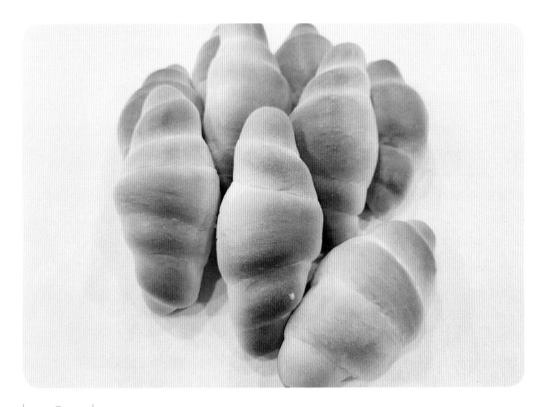

버터롤

시험시간
3시간 30분

요구사항 다음 요구사항대로 버터롤을 제조하여 제출하시오.

① 배합표의 각 재료를 계량하여 재료별로 진열하시오.(9분)

② 반죽은 스트레이트법으로 제조하시오.(단, 유지는 클린업 단계에서 첨가하시오.)

③ 반죽온도는 27℃를 표준으로 하시오.

④ 반죽 1개의 분할무게는 50g으로 제조하시오.

⑤ 제품의 형태는 번데기 모양으로 제조하시오.

⑥ 24개를 성형하고, 남은 반죽은 감독위원의 지시에 따라 별도로 제출하시오.

재료명	비율(%)	무게(g)	재료명	비율(%)	무게(g)
강력분(Hard flour)	100	900	탈지분유(Dry milk)	3	27(26)
물(Water)	53	477(476)	달걀(Egg)	8	72
이스트(Fresh yeast)	4	36	계	196	1,764
제빵개량제(S-500)	1	9(8)			
소금(Salt)	2	18			
설탕(Sugar)	10	90			
버터(Butter)	15	135(134)			

만드는 법

1. **계량** – 재료 계량을 정확하게 한다.

2. **반죽** – 버터를 제외한 모든 재료를 넣고 믹싱한 다음, 클린업 단계가 되면 버터를 넣고 최종단계까지 믹싱하여 반죽온도(27℃)를 맞춰준다.

3. **1차 발효** – 온도 27℃ 습도 75~80%에서 40~50분 정도 발효한다.

4. **분할, 둥글리기, 중간발효** – 50g씩 분할한 다음, 둥글리기 하여 실온에서 10~20분 정도 중간발효 한다

5. **정형** – 반죽을 올챙이 모양으로 미리 굴려 놓고 밀대로 반죽을 30cm 정도로 밀어 펴준 다음, 위에서 아래로 말아준다.

6. **2차 발효** – 온도 35~40℃ 습도 85~90%에서 30~40분 정도 발효한다.

7. **굽기** – 윗불 200℃ 아랫불 170℃에서 10~15분간 굽는다.

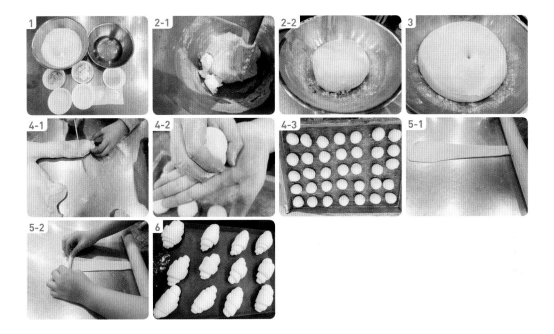

Memo

● 말린 끝부분이 밑으로 오도록 패닝한다.

● 번데기 모양으로 성형하고 줄무늬가 남도록 유의하여 발효한다.

교재 편집위원 명단

지역	훈련기관명	기관장	전화	홈페이지
서울	동아요리기술학원	김희순	02-2678-5547	http://dongacook.kr
인천	국제요리학원	양명순	032-428-8447	http://www.kukjecook.co.kr
	상록호텔조리전문학교	윤금순	032-544-9600	www.sncook.or.kr
강원	김희진요리제과제빵커피전문학원	김희진	033-252-8607	http://www.김희진요리제과제빵커피전문학원.kr
	삼척요리제과제빵직업전문학교	조순옥	033-574-8864	
경기	경기외식직업전문학교	박은경	031-278-0146	http://www.gcb.or.kr
	김미연요리제과제빵학원	김미연	031-595-0560	http://www.kimcook.kr
	김포중앙요리제과학원	정연주	031-988-4752	http://gfbc.co.kr
	동두천요리학원	최숙자	031-861-2587	http://www.tdcook.com
	마음쿠킹클래스학원	김미혜	031-773-4979	
	부천조리제과제빵직업전문학교	김명숙	032-611-1100	http://www.bucheoncook.com
	안산중앙요리제과제빵학원	육광심	031-410-0888	http://www.jacook.net
	용인요리제과제빵학원	김복순	031-338-5266	http://cafe.daum.net/cooking-academy
	월드호텔요리제과커피학원	이영호	031-216-7247	http://www.wocook.co.kr
	은진요리학원	이민진	031-292-9340	http://www.ejcook.co.kr
	이봉춘 셰프 실용전문학교	이봉춘	031-916-5665	http://www.leecook.co.kr
	이천직업전문학교	김미섭	031-635-7225	http://www.icheoncook.co.kr
	전통외식조리직업전문학교	홍명희	031-258-2141	http://jtcook.kr
	한선생직업전문학교	나순흠	031-255-8586	http://www.han5200.or.kr
	한양요리학원	박혜영	031-242-2550	http://blog.naver.com/hcook2002
	한주요리제과커피직업전문학교	정임	032-322-5250	http://hanjoocook.co.kr
경상	거창요리제과제빵학원	정현숙	055-945-2882	http://naver.me/5VWMJY6H
	경주중앙직업전문학교	전경애	054-772-6605	https://njobschool.co.kr
	김천요리제과직업전문학교	이희해	054-432-5294	http://www.kimchencook.co.kr
	김해영지요리직업전문학교	김경린	055-321-0447	http://www.ygcook.com
	김해요리제빵학원	이정옥	055-331-7770	http://blog.naver.com/gimhaeschool
	뉴영남요리제과제빵아카데미	박경숙	055-747-5000	https://blog.naver.com/newyncooki
	상주요리제과제빵학원	안선희	054-536-1142	http://blog.naver.com/ashk0430

지역	훈련기관명	기관장	전화	홈페이지
경상	울산요리학원	박성남	052-261-6007	http://ulsanyori.kr
	으뜸요리전문학원	김민주	055-248-4838	http://www.cookery21.co.kr
	일신요리전문학원	이윤주	055-745-1085	http://www.il-sin.co.kr
	진주스페셜티커피학원	한선중	055-745-0880	http://cafe.naver.com/jsca
	춘경요리커피직업전문학교	이선임	051-207-5513	http://www.5252000.co.kr
	통영조리직업전문학교	황영숙	055-646-4379	
충청	박문수천안요리직업기술전문학원	박문수	041-522-5279	http://www.yoriacademy.com
	서산요리학원	홍윤경	041-665-3631	
	서천요리아카데미학원	이영주	041-952-4880	
	세계쿠킹베이커리	임상희	043-223-2230	http://www.sgcookingschool.com
	아산요리전문학원	조진선	041-545-3552	
	엔쿡당진요리학원	진민경	041-355-3696	https://cafe.naver.com/dangjin3696
	천안요리학원	김선희	041-555-0308	http://www.cookschool.co.kr
	충남제과제빵커피직업전문학교	김영희	041-575-7760	http://www.somacademy.co.kr
	충북요리제과제빵전문학원	윤미자	043-273-6500	http://cafe.daum.net/chungbukcooking
	한정은요리학원	한귀례	041-673-3232	
	홍명요리학원	강병호	042-226-5252	http://www.cooku.com
	홍성요리학원	조병숙	041-634-5546	http://www.hongseongyori.com
전라	궁전요리제빵미용직업전문학교	김정여	063-232-0098	http://www.gj-school.co.kr
	세종요리전문학원	조영숙	063-272-6785	http://www.sejongcooking.com
	예미요리직업전문학교	허이재	062-529-5253	www.yemiyori.co.kr
	이영자요리제과제빵학원	배순오	063-851-9200	http://www.leecooking.co.kr
	전주요리제과제빵학원	김은주	063-284-6262	http://www.jcook.or.kr

저자와의
합의하에
인지첩부
생략

제과제빵기능사 실기

2024년 3월 5일 초판 1쇄 인쇄
2024년 3월 10일 초판 1쇄 발행

지은이 (사)한국식음료외식조리교육협회
감 수 박소영
펴낸이 진욱상
펴낸곳 (주)백산출판사
교 정 박시내
본문디자인 신화정
표지디자인 오정은

등 록 2017년 5월 29일 제406-2017-000058호
주 소 경기도 파주시 회동길 370(백산빌딩 3층)
전 화 02-914-1621(代)
팩 스 031-955-9911
이메일 edit@ibaeksan.kr
홈페이지 www.ibaeksan.kr

ISBN 979-11-6567-810-4 13590
값 15,000원